U0183236

本书受以下项目资助：

国家社会科学基金青年项目"行政法视野下的核电站安全规制研究"（项目号：17CFX041）

中国社会科学院大学文库

# 在发展与风险之间：
# 核电站的安全规制之道

伏创宇 著

 社会科学文献出版社
SOCIAL SCIENCES ACADEMIC PRESS (CHINA)

# "中国社会科学院大学文库"
# 总　序

　　恩格斯说："一个民族要想站在科学的最高峰，就一刻也不能没有理论思维。"人类社会每一次重大跃进，人类文明每一次重大发展，都离不开哲学社会科学的知识变革和思想先导。中国特色社会主义进入新时代，党中央提出"加快构建中国特色哲学社会科学学科体系、学术体系、话语体系"的重大论断与战略任务。可以说，新时代对哲学社会科学知识和优秀人才的需要比以往任何时候都更为迫切，建设中国特色社会主义一流文科大学的愿望也比以往任何时候都更为强烈。身处这样一个伟大时代，因应这样一种战略机遇，2017 年 5 月，中国社会科学院大学以中国社会科学院研究生院为基础正式创建。学校依托中国社会科学院建设发展，基础雄厚、实力斐然。中国社会科学院是党中央直接领导、国务院直属的中国哲学社会科学研究的最高学术机构和综合研究中心，新时期党中央对其定位是马克思主义的坚强阵地、党中央国务院重要的思想库和智囊团、中国哲学社会科学研究的最高殿堂。使命召唤担当，方向引领未来。建校以来，中国社会科学院大学聚焦"为党育人、为国育才"这一党之大计、国之大计，坚持党对高校的全面领导，坚持社会主义办学方向，坚持扎根中国大地办大学，依托社科院强大的学科优势和学术队伍优势，以大院制改革为抓手，实施研究所全面支持大学建设

1

发展的融合战略，优进优出、一池活水，优势互补、使命共担，形成中国社会科学院办学优势与特色。学校始终把立德树人作为立身之本，把思想政治工作摆在突出位置，坚持科教融合、强化内涵发展，在人才培养、科学研究、社会服务、文化传承创新、国际交流合作等方面不断开拓创新，为争创"双一流"大学打下坚实基础，积淀了先进的发展经验，呈现出蓬勃的发展态势，成就了今天享誉国内的"社科大"品牌。"中国社会科学院大学文库"就是学校倾力打造的学术品牌，如果将学校之前的学术研究、学术出版比作一道道清澈的溪流，"中国社会科学院大学文库"的推出可谓厚积薄发、百川归海，恰逢其时、意义深远。为其作序，我深感荣幸和骄傲。

高校处于科技第一生产力、人才第一资源、创新第一动力的结合点，是新时代繁荣发展哲学社会科学，建设中国特色哲学社会科学创新体系的重要组成部分。我校建校基础中国社会科学院研究生院是我国第一所人文社会科学研究生院，是我国最高层次的哲学社会科学人才培养基地。周扬、温济泽、胡绳、江流、浦山、方克立、李铁映等一大批曾经在研究生院任职任教的名家大师，坚持运用马克思主义开展哲学社会科学的教学与研究，产出了一大批对文化积累和学科建设具有重大意义、在国内外产生重大影响、能够代表国家水准的重大研究成果，培养了一大批政治可靠、作风过硬、理论深厚、学术精湛的哲学社会科学高端人才，为我国哲学社会科学发展进行了开拓性努力。秉承这一传统，依托中国社会科学院哲学社会科学人才资源丰富、学科门类齐全、基础研究优势明显、国际学术交流活跃的优势，我校把积极推进哲学社会科学基础理论研究和创新，努力建设既体现时代精神又具有鲜明中国特色的哲学社会科学学科体系、学术体系、话语体系作为矢志不渝的追求和义不容辞的责任。以"双一流"和"新文科"建设为抓手，启动实施重大学术创新平台支持计划、创新研究项目支持计划、教育管理科学研究支持计划、科研奖励支持计划等一系列教学科研战略支持计划，全力抓好"大平台、大团队、大项目、大成果"等"四大"建设，坚持正确的政治方向、学术导向和价值取向，把政治要求、意识形态纪律作为首要标准，贯穿选题设计、科研立项、项目研究、成果运用全过程，以高度的文化自觉和坚定的文化自信，围绕重大理论和实践问题展开深入研究，不断推进知识创新、理论创新、方法创新，不断推出有思想含量、理论分量和话语质量的学术、教材和思政研究成果。"中国社会科学院大学文库"正是对这种历史底蕴和学术精神的传承与发展，更是新时代我校"双一流"建设、科学研究、教育教学改革和思政工作创新发展的集中展示与推介，是学校打造学术精品、彰显中国气派的生动实践。

"中国社会科学院大学文库"按照成果性质分为"学术研究系列"、"教材系列""思政研究系列"三大系列，并在此分类下根据学科建设和人才培养的需求建立相应的引导主题。"学术研究系列"旨在以理论研究创新为基础，在学术命题、学术思想、学术观点、学术话语上聚焦聚力，推出集大成的引领性、时代性和原创性的高层次成果。"教材系列"旨在服务国家教材建设重大战略，推出适应中国特色社会主义发展要求、立足学术和教学前沿、体现社科院和社科大优势与特色、辐射本硕博各个层次，涵盖纸质和数字化等多种载体的系列课程教材。"思政研究系列"旨在聚焦重大理论问题、工作探索、实践经验等领域，推出一批思想政治教育领域具有影响力的理论和实践研究成果。文库将借助与社会科学文献出版社的战略合作，加大高层次成果的产出与传播。既突出学术研究的理论性、学术性和创新性，推出新时代哲学社会科学研究、教材编写和思政研究的最新理论成果；又注重引导围绕国家重大战略需求开展前瞻性、针对性、储备性政策研究，推出既通"天线"、又接"地气"，能有效发挥思想库、智囊团作用的智库研究成果。文库坚持"方向性、开放式、高水平"的建设理念，以马克思主义为领航，严把学术出版的政治方向关、价值取向关、学术安全关和学术质量关。入选文库的作者，既有德高望重的学部委员、著名学者，又有成果丰硕、担当中坚的学术带头人，更有崭露头角的"青椒"新秀；既以我校专职教师为主体，也包括受聘学校特聘教授、岗位教师的社科院研究人员。我们力争通过文库的分批、分类持续推出，打通全方位、全领域、全要素的高水平哲学社会科学创新成果的转化与输出渠道，集中展示、持续推广、广泛传播学校科学研究、教材建设和思政工作创新发展的最新成果与精品力作，力争高原之上起高峰，以高水平的科研成果支撑高质量人才培养，服务新时代中国特色哲学社会科学"三大体系"建设。

历史表明，社会大变革的时代，一定是哲学社会科学大发展的时代。当代中国正经历着我国历史上最为广泛而深刻的社会变革，也正在进行着人类历史上最为宏大而独特的实践创新。这种前无古人的伟大实践，必将给理论创造、学术繁荣提供强大动力和广阔空间。我们深知，科学研究是永无止境的事业，学科建设与发展、理论探索和创新、人才培养及教育绝非朝夕之事，需要在接续奋斗中担当新作为、创造新辉煌。未来已来，将至已至。我校将以"中国社会科学院大学文库"建设为契机，充分发挥中国特色社会主义教育的育人优势，实施以育人育才为中心的哲学社会科学教学与研究整体发展战略，传承中国社会科学院深厚的哲学社会科学研究底蕴和40多年的研究生高端人才培养经验，秉承"笃学慎思明辨尚行"的校训精神，积极推动社科大教育与社科院科研深度融合，坚持以马克思主义为指导，坚持把论文写在大地上，坚持不忘本来、吸收外来、面向未来，深入研究和回答新时代面临的重大理论问题、重大现实问题和重大实践问题，立志做大学问、做真学问，以清醒的理论自觉、坚定的学术自信、科学的思维方法，积极为党和人民述学立论、育人育才，致力于产出高显示度、集大成的引领性、标志性原创成果，倾心于培养又红又专、德才兼备、全面发展的哲学社会科学高精尖人才，自觉担负起历史赋予的光荣使命，为推进新时代哲学社会科学教学与研究，创新中国特色、中国风骨、中国气派的哲学社会科学学科体系、学术体系、话语体系贡献社科大的一份力量。


（张政文　中国社会科学院大学党委常务副书记、校长、中国社会科学院研究生院副院长、教授、博士生导师）

# 拓宽我国行政法研究的"疆域"

## （代　序）

### 姜明安

20 多年前，我曾撰文探讨"行政的'疆域'与行政法的功能"，提出行政法的研究应当关注国家职能扩张，特别是改善与保护环境。① 创宇博士的新作《在发展与风险之间：核电站的安全规制之道》所研究的主题显然属于国家职能扩张与保护环境的重要领域。党的二十大报告提出"积极安全有序发展核电"，将"积极"与"安全"并列表明安全规制是核电发展的前提。核电发展是"双刃剑"：一方面，它能推动社会经济发展与气候改善，保障和促进实现碳达峰碳中和；另一方面，它也会带来安全风险。核电在能源供应上具有可靠性与可持续性，能够减少温室气体排放，有利于气候变化的全球治理。相较于水、火（煤、石油、天然气）、风、太阳、生物以及其他（地热、潮汐、洋流、沼气……）能源，核能的成本效益更高。根据国际原子能机构（IAEA）的数据，2021 年核电在我国电力结构中的占比已达到 5%，较 10 年前的约 2% 有了大幅度提高，且预计到 2035 年会攀升至 10%。与此同时，核电站的安全规制却游离于发展与风险之间，应当调查、评估与处理核电站建造、运营、

---

① 姜明安：《行政的"疆域"与行政法的功能》，《求是学刊》2002 年第 2 期。

退役等带来的种种风险。对核电站的安全规制展开研究，是法学学者特别是行政法学学者不可推卸的责任。

核电站的安全规制具有十分重要的意义。首先，核电属于高效能源，但是否"清洁"仍有争议。即便是核电站的正常运营，也难以避免会产生微量辐射。如果发生核泄漏，辐射污染会进入人体、土壤、空气与水流中，造成重大危害。因而，核电具有潜在的"污染性"风险。其次，尽管核电技术的不断发展能提升核电站的安全，但实现核电站的绝对安全几乎不可能。如果发生人类难以预测的自然灾害（如地震、海啸等），或者人工的施工与维护不当，或者发生恐怖袭击（尽管此种可能性很小）等，核灾难即难以避免。再次，核电站运行产生的放射性废料如何处理目前仍是世界性难题。以核电产生的废料放射性钚239为例，其半衰期长达两万四千年。最后，历史上发生过的三起特别重大的核电站事故，即三里岛核电站事故、切尔诺贝利核电站事故、福岛核电站事故，接二连三地给人类敲响警钟，可见绝对的核电站安全是难以实现的。

香港城市大学校长郭位在其著作《核电 雾霾 你——从福岛核事故细说能源、环保与工业安全》中提到，核电安全离不开设备、工作人员、运营管理三大要素。本人以为，核电站的安全除了有赖于技术发展、管理优化，更离不开政府监管。核电技术发展得再好，也难免受制于"人类认知与理性"的局限。如根据《纽约时报》2011年5月的报道，美国核能规制委员会对全美104座核反应机组检查后发现，当时的灾难应对方案并未将导致福岛核电站事故的因素考虑在内。这也是核电站研发到第四代，仍然无法将损害发生的概率降至接近零的原因。即便技术专家宣称核电技术足够安全，也无法消除公众对核电发展的疑虑。更何况，核电安全的保障不能只是寄托于核电企业，后者对安全保障的落实，或多或少会与公众的认知和关注点存在差异。

因此，法学特别是行政法学的研究，除了关注经典行政法的议题，还应当将更多的目光投向核电站安全规制一类较为生僻但十分有意义的课题。行政法学可以划分为行政法总论与行政法分论（或称为部门行政法），核电站安全规制属于部门行政法的重要内容之一。美国学者肯尼思·F. 沃伦在其著作《政治体制中的行政法》中专设一章探讨了核能规制，德国学者所撰写的部门行政法著作（Besonderes Verwaltungsrecht）一般包括警察与秩序法、自治法、建设法、环境法等内容，而核电规制属于环境法的一部分。从行政法理论来看，法律保留、行政组织、信息公开、公众参与、司法审查、国家责任等通常的概念、制度以及理论面对核电安全规制，难免产生法解释学上的困境，而核电安全规制的特殊性会反过来推动行政法学理论的更新与变革。从行政法实践来看，国家治理的现代化、行政法的法典化、行政争议解决的法治化不能只是解决传统的行政法问题，还需要将以下新的时代议题纳入，包括：风险规制，民主、科学与行政的关系，独立规制机关，专家咨询，风险信息公开，多阶段行政程序，公法上的危险责任，司法审查的专业性……

正如 20 多年前一样，本人现在仍然要呼吁拓展行政法研究的"疆域"。创宇博士不仅长期耕耘于行政法基础理论的研究，更是投入大量的精力关注部门行政法。在几年前出版《核能规制与行政法体系的变革》后，他又通过锲而不舍的努力，对此课题进行新的思考与探讨，形成此项高质量的成果《在发展与风险之间：核电站的安全规制之道》。我相信，该项研究成果对我国行政法的基础理论、基本制度以及核能规制具体实践的发展与创新，均有着重要的启示意义并将产生积极的促进作用。

是为序。

北京大学法学院教授

中国行政法学研究会副会长

2023 年 2 月 10 日

# 目　录

# | 第一章 |

## 核电站安全规制的行政法因应

## 第一节　我国核电站的发展及安全规制现状

核能利用所涉及的领域十分广泛，主要有发电、制药、工业、农业、研发、教育和军事等，其中发电利用对保障国家的能源供应、促进经济与社会发展以及减少温室气体排放具有重要意义。从20世纪50年代开始，核电利用起步并逐步扩大到世界上三十多个国家。自1991年我国第一座核电站——秦山核电站运营以来，核电在我国能源供应中的比例日趋上升，截至2022年10月，核电在总发电量中所占比例达到5%。与此相应的是，核电站的安全保障始终都是与核电发展相伴相随的重要课题。特别是历史上发生的几次重大核电站事故无时无刻不在提醒我们，对核电利用要保持敬畏与谨慎的态度，并重视核电站的安全规制。

核能规制涵盖了对核电设施、核材料的制造与销售、核燃料运输、核废料处理、核出口、核能军事利用等的监管与核事故应急处理等，核电站的安全规制是其中重要的一环。在立法层面，核电站在《中华人民共和国核安全法》（以下简称《核安全法》）中又称为"核电厂"，属于核设施的一种类型。① 除核电站外，核设施还包括：（1）核热电厂、核供汽供热厂等；（2）核动力厂以外的其他反应堆（研究堆、实验堆、临界装置等）；（3）核燃料生产、加工、贮存及后处理设施等核燃料循环设施；（4）放射性废物的处理和处置设施；（5）其他需要严格监督管理的核设施。② 核设施的种类较多，风险程度不同，监管要求也不同，应当进行分类管理。③《核安全法》第 14 条即明确"国家根据核设施的性质和风险程度等因素，对核设施实行分类管理"。其中核电站的安全规制问题最为突出，为保障主题集中与研究的针对性，本书着眼于核电站的安全规制，不涉及其他核设施与核材料的安全规制。

核能法领域的安全概念包括核安全（nuclear safety）、核安保（nuclear security）与核保障（nuclear safeguard），分别对应防止核能利用发生事故并避免辐射危害、防止人为地从外部破坏和平利用核能的活动或滥用核能实施危害社会的活动、防止核技术和核材料被滥用于军事目的，其中核保障主要通过国际条约来限制国家的行为，避免军事领域的核扩散，因而本书所讨论的核电站的安全指核安全与核安保。我国《核安全法》第 1 条的"核安全"是指"对核设施、核材料采取必要和充分的监管、保护、预防和缓解等安全措施，保障核设施、核材料安全，防止由于任何技术原因、人为原因或者自然灾害造成的事故，并最大限度地减少事故情况下的放射性后果，从而保护公众、从业人员和环境免受核事故危害"，④ 亦指向核电站事故与核辐射的预防与应对。与此相应，

---

① "核电站"与"核电厂"、"核能"与"原子能"在概念上不存在实质差异，出于统一行文表述的需要，且沿用本书所依托的国家社科基金课题"行政法视野下的核电站安全规制研究"中的称谓，本书一般采用"核电站"与"核能"的概念，但基于对个别法律文本与文献原文表述的尊重，可能存在相关概念同时使用的情况。

② 参见《中华人民共和国民用核设施安全监督管理条例》第 1 条、《中华人民共和国核安全法》第 2 条。

③ 《全国人民代表大会法律委员会关于〈中华人民共和国核安全法（草案三次审议稿）〉修改意见的报告》，2017 年 9 月 1 日。

④ 陆浩主编《中华人民共和国核安全法解读》，中国法制出版社，2018，第 4 页。

本书的研究对象主要涵盖核电站的选址、建造、运营与退役等阶段的安全规制问题。

## 一　世界核电利用的发展与安全挑战

核能利用始于 20 世纪 30 年代后期，用于军事领域而非商业发电领域，美国于 1942 年投入运营的第一座核反应堆是用于生产核武器的，其生产的原子弹于 1945 年投向了日本广岛和长崎。1946 年美国颁布世界第一部《原子能法》（*Atomic Energy Act*，*AEA*），该法尽管禁止私人拥有原子能设施，却标志着原子能利用从军事用途开始转向民事用途。迫于科学家、商业领袖和外交官施加的压力，美国 1954 年修订的《原子能法》允许核能利用的私有化，其目的是"在国防和国家安全，以及公众健康和安全允许的范围内，鼓励广泛地参与核能的和平开发与利用"，① 进一步推动了核能的商业发电利用。"在一段时间内，公用设施公司曾认为核电的成本将非常低，以至于不必向用户收费。对如此具有杀伤力的能源的和平利用，可以减轻美国对广岛和长崎的罪恶感，同时又能保证美国处于原子能技术开发和控制的前沿。"② 核能的发电利用采用裂变技术，使铀原子撕裂，释放出热能，进而加热水，产生蒸汽来发电，美国首个联网发电的核电机组是 1957 年在宾夕法尼亚州码头市开始运营的机组。作为进一步鼓励核电商业利用的措施，美国国会于 1957 年通过的《普莱斯－安德森法》（*Price-Anderson Act*，以下简称《安德森法》）限定了核事故发生后核电设施营运者承担的赔偿责任。

截至 2021 年 10 月，美国在 28 个州有 93 座正在运营的商业核反应

---

① 42V. S. C. § §2013，转引自约瑟夫·P. 托梅因、理查德·D. 卡达希《能源法精要》（第 2 版），万少廷等译，南开大学出版社，2016，第 320 页。

② 约瑟夫·P. 托梅因、理查德·D. 卡达希：《能源法精要》（第 2 版），万少廷等译，南开大学出版社，2016，第 320 页。

堆，其中包括 62 座压水堆和 31 座沸水堆，核能发电量达到 8070 亿千瓦时，约占其全国总发电量的 19.6%。美国核反应堆运营许可[①]的期限为 40 年，在获得展期许可后可延长 20 年到 40 年，共有 94 座核反应堆获得展期许可，其中 9 座已被永久关停。同时核电站的新建工作也在推进，目前有 6 座核反应堆的选址许可申请获得批准，在建的反应堆有 2 座。[②]

法国则是世界上对核电依存度最高的国家。其于 1945 年设置原子能委员会，并于 1956 年开始研制第一座自主设计的核反应堆。1964 年，法国首座商业核反应堆投入运行。相较于其他拥有石化资源的欧洲国家（如德国、西班牙有煤炭，英国有石油、天然气与煤炭，荷兰有天然气等），法国的煤炭、天然气与石油资源极为匮乏，加上法国对"原料供应的安全性"、"能源竞争力"、"环境的保护"与"社会连带性"的四大考量，法国的能源结构呈现出以核能发电为主、以水力发电为辅的特征。一部分的政治派别主张放弃核能，但未被政府所接受。[③] 2007 年法国共有 59 座核电站，其中包括属于国家公共事业的法国电力公司经营的 58 座压水反应堆，以及法国电力公司和法国原子能委员会共同经营的 1 座快中子增殖反应堆。法国核能发电在总发电中所占比例居世界首位，截至 2022 年 10 月达到 69%。其反应堆高度标准化，目前仅使用法马通（Framatome ANP）公司建造的压水反应堆，以提高核反应堆建造和运营的效率。

法国的核能立法始于 1961 年的《控制大气污染与臭氧准则》，核设施的建造与运转于 1963 年开始受到该法约束。自 20 世纪 90 年代起，法

---

① 美国核能法领域的"operating license"翻译为"运营许可"似乎更为妥当，我国《核安全法》采用的是"运行许可"概念，两种表述在实质内涵上并无差异，本书视情况选择使用。

② 参见 Information Digest, 2021 – 2022（NUREG – 1350, Volume 33），https://www.nrc.gov/reading-rm/doc-collections/nuregs/staff/sr1350/index.html，最后访问日期：2022 年 11 月 6 日。

③ 参见 Jean-Marie Pontier《法国核能法制》，张惠东译，载台湾地区能源法学会编《核能法体系（一）——核能安全管制与核子损害赔偿法制》，（台北）新学林出版股份有限公司，2014，第 61 ~ 65 页。

国着手制定一部全面的核能法，于 2006 年 6 月 13 日完成《核能透明与安全法》（*Nuclear Transparency and Safety Act*）。该法是法国第一部有关核能规制的框架性立法，旨在回应核能规制领域民主性不足的问题。

日本历史上曾遭受原子弹的攻击，且自 1945 年战败后被联合国全面禁止从事原子能的相关研究。直到 1953 年《旧金山和平条约》（*Treaty of San Francisco or San Francisco Peace Treaty*）签署生效后，相关研究才得以解禁。日本在美国支持下重启原子能研究，并于 1955 年颁布《原子力基本法》。核能发电则始于 1963 年日本能源示范反应堆（Japan Power Demonstration Reactor）的成功运转。到 2009 年底，日本实际运转的核电机组有 54 座，发电量仅次于美国。即便 2011 年发生的福岛核电站事故，亦未能阻挡其发展核电的步伐，一些核电机组在停运后逐步重启，原因大抵包括日本自然资源极度缺乏、石油等能源依赖进口、核能发电能有效抑制温室气体排放并保障日本的能源安全等。① 截至 2022 年 8 月，日本已重启 10 座核电站，核电占电力供给比例回升至 7.2%。全球极端气候频现、地缘政治风险加剧导致能源供应紧张，故日本政府计划在 2030 年实现核能发电占电力供应的 20%~22%。②

在德国，核电曾在能源结构中占有重要地位，但国会因政治选择计划于 2022 年底完全退出核电利用领域。1955 年西德设立联邦原子能事务部，并于 1959 年颁布《和平利用原子能以及危险防止法》。1961 年西德第一座核电站投入运营，虽然其在 1989 年以后未兴建任何商业性核反应堆，但是 1990 年核电在总发电量中占比仍然达到 28.3%。③ 因俄乌冲突带来的能源危机，德国迫不得已在 2022 年底延缓实施核电退出计划。

由于切尔诺贝利核泄漏事件给德国留下了阴影，绿党在 1998 年上台

---

① 参见罗承宗《再访日本核电厂诉讼》，《月旦法学杂志》总第 219 期，2013。
② 参见路虹《全球核电发展加速再启动》，《国际商报》2022 年 9 月 6 日，第 6 版。
③ 参见 Michae Rodi, "Grundlagen und Entwicklungslinien des Atomrechts," *Neue Juristische Wochenschrift* 2000, S. 7。

后提出并推动逐步关闭核电站的国家政策。通过谈判，德国政府和核电企业于 2000 年签署了废除核能的协议。根据 2002 年通过的《逐步结束核能发电法》，当时运营的 19 座核电站到 2022 年要陆续停止运转，并且政府不再批准兴建新的核电设施。尽管来自中右翼阵营的默克尔于 2010 年宣布延长国内核电站的使用期限，关闭日期从 2022 年推迟到 2035 年，但日本福岛核电站事故的发生以及德国反核势力的壮大，使德国议会于 2011 年再次通过弃核法案，决定在 2022 年以前，分阶段彻底关闭境内 17 座核电站。①

截至 2022 年 10 月，世界上正在运营的核反应堆达到 427 座，总装机容量（net installed capacity）为 382796 兆瓦（MWe），还有 56 座核反应堆正在建造中。这些反应堆分布在 32 个国家（见图 1-1），拥有核反应堆数量排名前 5 位的国家分别是美国、法国、中国、日本与俄罗斯。②

由上可见，是否进行核电的利用以及如何发展属于不同国家的政治选择，同时经济发展对核电利用的需求与核电科技的不断成熟，并不意味着核电的绝对安全。与域外相比，我国核电利用始于 20 世纪 80 年代，其发展虽在日本福岛核电站事故后遭遇一定程度的停滞，但发展速度与积极政策在世界范围内来看始终令人瞩目，更是凸显了核电站安全规制的需求与意义。

## 二　我国核电站的发展与安全规制需求

### （一）我国核电站的发展沿革

自 1991 年我国第一座核电站秦山一期并网发电以来，我国核事业在

---

① 《德国后核电时代困局》，《中国核工业》2011 年第 8 期。
② 参见 Power Reactor Information System，国际原子能机构网站，https：//pris.iaea.org/pris/，最后访问日期：2022 年 10 月 15 日。

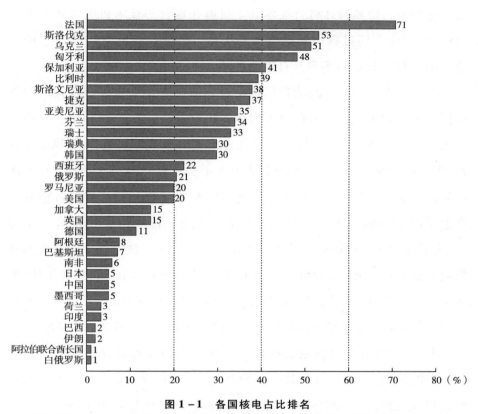

**图 1 - 1　各国核电占比排名**

资料来源：Nuclear Power Reactors in the World（2021 Edition），国际原子能机构网站，https://www.iaea.org/publications/14989/nuclear - power - reactors - in - the - world，最后访问日期：2023 年 3 月 19 日。

民用领域的发展已经具有一定规模，截至 2022 年 10 月，我国正在运行的核电机组有 55 台，在建的有 18 台，核电总装机容量、机组数量在美国、法国之后，位居世界第三，发展速度、在建规模都居世界第一。[①]核能发电量于 2018 年底达到 2865.11 亿千瓦时，占全国累计发电量的4.22%；2019 年核能发电量为 3481.31 亿千瓦时，占总发电量的份额提升至 4.88%；2021 年则达到 5.02%。随着越来越多的核电机组投入运

---

[①]　参见 Power Reactor Information System，国际原子能机构网站，https://pris.iaea.org/pris/，最后访问日期：2022 年 10 月 15 日。

营，核电所占份额预计将持续攀升。目前在运营的核电机组分布在 9 个省份。[①] 核电利用对我国能源结构的优化、经济社会的发展以及"碳达峰、碳中和"目标的实现具有重要意义。

其一，在能源生产与消费结构中，我国核能发电还存在较大的发展空间。根据国家统计局数据初步测算，2019 年能源生产结构中，原煤占比 68.8%，原油占比 6.9%，天然气占比 5.9%，水电、核电与风电等占比 18.4%。2019 年，煤炭消费量占能源消费总量的 57.7%，比上年下降 1.5 个百分点，天然气、水电、核电与风电等清洁能源消费量占能源消费总量的 23.4%，比上年提高 1.3 个百分点，能源消费结构进一步优化。[②] 由上可见，我国的能源结构还是以煤炭为主，核电作为清洁能源在发电总量中占比较低，远低于全球的占比 11% 的平均水平，相较于法国、美国、日本等国家，核能发电在我国具有巨大的发展潜力。发展核电不但有利于保障我国能源安全，而且有助于调整能源结构并改善大气环境。[③]

其二，"积极推进核电建设"属于我国电力发展的基本方针。这在《核电中长期发展规划（2005—2020 年）》中得以明确。党的十九届四中全会审议通过《中共中央关于坚持和完善中国特色社会主义制度 推进国家治理体系和治理能力现代化若干重大问题的决定》，其中提出"推进能源革命，构建清洁低碳、安全高效的能源体系"，这意味着我国将减少对煤炭能源的依赖，进一步发展天然气、水电、核电与风电等清洁能源。2020 年 4 月颁布的《中华人民共和国能源法（征求意见稿）》

① 包括：北京 1 台（属于 CEFR，中国原子能研究院的实验性快堆），海南昌江核电站 2 台，浙江海盐秦山核电站 7 台、嘉兴方家山核电站 2 台与台州三门核电站 2 台，广东大亚湾核电站 2 台、台山核电站 2 台、深圳岭澳核电站 4 台与阳江核电站 6 台，广西防城港核电站 2 台，福建福清核电站 6 台与宁德核电站 4 台，辽宁大连红沿河核电站 6 台，江苏连云港田湾核电站 6 台，山东海阳核电站 2 台、威海石岛湾核电站 1 台。
② 具体可见国家统计局年度数据，国家统计局网站，http://data.stats.gov.cn/easyquery.htm? cn = C01，最后访问日期：2020 年 6 月 21 日。
③ 参见《核电中长期发展规划（2005—2020 年）》，国家能源局网站，http://www.nea.gov.cn/ 2007 - 11/02/c_131053228.htm，最后访问日期：2022 年 10 月 28 日。

第 4 条提出"优先发展可再生能源，安全高效发展核电"，冀望将核电发展的优先性通过立法予以确认。着眼于"碳达峰、碳中和"目标的实现，2021 年国务院《政府工作报告》提出"在确保安全的前提下积极有序发展核电"，这是近年来政府工作报告首次用"积极"一词表达发展核电的政策倾向。"积极安全有序发展核电"也是党的二十大报告以及《"十四五"现代能源体系规划》的重要内容。这意味着，核电将在我国的能源战略与经济社会发展中发挥越来越重要的作用。

**（二）我国核电站的安全规制需求**

核电站主要涉及反应堆事故与接触核辐射两方面的安全问题，危害安全的原因包括人为原因、灾害原因和技术原因。

（1）人为原因。美国三里岛与日本福岛发生的核电站事故，皆与人为原因有关。美国克曼尼委员会（Kemeny Commission）经过调查指出，发生于 1979 年的三里岛核电站事故的根本原因是"运行人员的操作错误"。其主要体现在以下四个方面。第一，对核电站运行人员的培训严重不足。尽管针对正常运行核电站具有充分的应急培训，但缺乏应对严重事故的培训。第二，具体的操作程序混乱，可能会也确实导致了错误操作。第三，补救措施不包括应对此前发生过的核事故的处理措施。第四，控制室的设计混乱，不足以应对事故处理。① 针对福岛核电站事故，日本国会组成的独立调查委员会的报告指出："事故并非自然灾害，明显是人祸。"即这起事故的直接诱因在震前是可以预见的，但营运商（东京电力股份有限公司）、监管机构（当时的日本原子力安全保安院与原子力安全委员会）以及负责促进核工业发展的经济产业省，均未能正确制定并执行最基本的安全要求，以防止福岛第一核电站遭受地震与海啸的打击。②

---

① 约瑟夫·P. 托梅因、理查德·D. 卡达希：《能源法精要》（第 2 版），万少廷等译，南开大学出版社，2016，第 332~333 页。
② 参见伍浩松、王海丹《福岛核事故独立调查委员会公布调查报告 福岛核事故被认定"明显是人祸"》，《国防科技工业》2012 年第 10 期。

（2）灾害原因。日本福岛核电站事故的发生既有"人祸"因素，也有"天灾"方面的原因。依据"多重防护"（defense in depth）与"单一故障标准"制定的安全对策在应对地震与海啸上具有局限性，为了达到多重防护目的制定的安全对策虽然具有多重性、重叠且冗长的特点，但在应对超过预测的地震时仍然不能避免复数的安全对策同时失灵的情况。① 海啸造成全部电源长时间失灵，已超出了多重防护对策设定的有效性范围。

（3）技术原因。与车险评估可以根据汽车价值、以往索赔情况等因素确定保险费率不同，核电站的风险评估要困难得多，一则核事故鲜有发生，二则核电技术利用的风险很难评估，"不能仅仅因为没有公众受到过伤害就简单地说这种技术'足够安全'"。② 核电技术处于持续的改进与完善过程中，第一代技术"受当时技术限制，设计比较粗糙，结构松散，设计中没有系统、规范、科学的安全标准和准则作为指导，因而存在许多安全隐患"，第二代技术"应对严重事故的措施比较薄弱"，第三代技术"发生严重事故的概率为第二代核电机组的1%以下"，而正在研发的第四代技术"应有更优良的安全性和可靠性"，或在未来替换第三代技术的使用。③ 由此可见，核电技术虽日臻完善，但难以做到至善至美。德国联邦宪法法院在卡尔卡（Kalkar）判决中提出的"实践理性标准"（die praktische Vernunft），便是提醒人们注意到超出实践理性范围的人类认知能力具有局限性。④

我国核电站发展伴随的安全规制需求日益凸显，在核电站的选址、运

---

① 参见高桥滋《福岛核电事故发生后对核能规制体系的重新审视》，周倩译，载台湾地区能源法学会编《核能法体系（一）——核能安全管制与核子损害赔偿法制》，（台北）新学林出版股份有限公司，2014，第120页。

② 约翰·塔巴克：《核能与安全——智慧与非理性的对抗》，王辉、胡云志译，商务印书馆，2011，第97页。

③ 参见刘定平编《核电厂安全与管理》，华南理工大学出版社，2013，第224～254页。

④ BVerfGE 49，89，S. 143.

营过程中都发生过或大或小的安全争议。有关核电站选址的典型案例，是江西省彭泽县核电站的选址争议。安徽省望江县临近该选址，与之隔江相望，该地政府对此核电站选址提出质疑，包括"人口数据失真、地震标准不符、临近工业集中区和民意调查走样"四大问题，并向安徽省发改委能源局呈报红头文件，提出："鉴于该项目在选址评估、环境影响等方面存在严重问题，为维护全县人民的合法权益，经咨询有关知名专家，我县请求取消彭泽核电厂项目。"① 在《厂址安全分析报告》与《环境影响报告书（选址阶段）》获得环境保护部、国家核安全局批复后，彭泽县核电站一期工程的建设至今处于停滞状态。有关核电站运营的典型案例是深圳大亚湾核电站于 2010 年发生的核事件，该核电站二号机组反应堆中的一根燃料棒包壳出现微小裂纹，所幸影响仅限于封闭的核反应堆回路系统中，放射性物质未进入环境，未造成影响和损害。这引发了二级安全标准以下事件是否应当向社会公开的问题。② 我国核电站自运营以来尚未发生过核事故，并不表明核电站安全规制没有存在与完善的必要。通过以上个案可以管窥，完善我国核电站安全规制仍然具有强烈的现实需求。域外核事故发生背后的人为原因、灾害原因与技术原因等留下的深刻教训，无时无刻不在警示当下中国，核电站安全的规制与保障任重而道远。

核电利用在我国能源战略中占有举足轻重的地位，更是凸显了核电站安全规制的意义与价值。习近平主席在 2016 年华盛顿核安全峰会上的讲话中提出"完善核安全立法和监管机制""积极开展核安全学术研究"，③ 表明了核电站安全规制是核电利用与发展的必备前提与重要

---

① 参见钱平广《核电争议双城记：彭泽建设望江反对》，《第一财经日报》2012 年 2 月 9 日，第 A8 版。

② 参见詹铃《"核泄漏"旧闻追问：谁的知情权与透明度?》，《21 世纪经济报道》2010 年 6 月 18 日，第 18 版。

③ 《习近平关于总体国家安全观论述摘编》，中央文献出版社，2018，第 212、214 页。

支撑。《核安全法》已于 2018 年 1 月 1 日开始实施，意味着我国核能规制具有了基本法依据，在规制手段与体系的完善上迈出了坚实一步。该法共 8 章 94 条，分为总则、核设施安全、核材料和放射性废物安全、核事故应急、信息公开和公众参与、监督检查、法律责任与附则，确立了核能规制的原则，对核设施的选址、设计、建造、运行，核材料以及相关放射性废物实行全方位监管，采用了行政许可、安全评价、信息公开、公众参与、监督检查与行政处罚等规制措施，对完善与加强我国核能规制具有积极意义。但由于该法的原则性与纲领性，其实施仍然面临着诸多问题与重大挑战。这不仅需要进一步澄清该法的规范意涵，还有必要制定相关的配套细则。核设施、核材料具有潜在的放射危害性，因而核电站安全保障是核能事业健康发展的前提，是环境、生命、健康与财产等权利保护的必然要求。"不可否认的是，详细而完备的立法规定对法的安定性和基本权的全面保护有所贡献，但核能规制领域中开放的法律结构在立法中的运用属于规制优化与基本权利保护的体现。立法的控制和约束由此变得相对松散，基本权利的保护责任和功能更多地由立法机关转移到行政机关，进而对行政法的体系提出了重大挑战。"[1] 在行政法视野下，核电安全规制须处理安全保障与核电发展之间的关系，转变规制理念，建立独立的安全规制机构，调整规制手段，优化规制的救济与司法审查，厘清规制的赔偿责任体系。

## 三　我国核电站安全规制的课题

迄今为止，我国行政法学界学者们（如沈岿、宋华琳、王贵松、高秦伟、金自宁、戚建刚、赵鹏等）对风险规制的研究成果丰硕，但对核电站安全规制的关注与研究不多。在笔者掌握的有限的资料中，

---

[1]　伏创宇：《核能规制与行政法体系的变革》，北京大学出版社，2017，第 219 页。

第一篇有关核能法研究的文章是盛愉的《核法初论》。[①] 随着 1991 年秦山核电站并网发电，我国核电站数量逐步增多，特别是近年来发展迅速，一些国际法、环境法和民法学者开始系统关注核能立法问题。核电站安全规制的研究从"面"（规范体系的建立）向"点"（具体问题的剖析）逐步转变，同时重在对域外核能规制法律制度与政策的译介。总体来说，目前我国法学界对核电站安全规制的研究尚处于探索阶段，对核电站安全规制法律制度完善的探讨较多，研究课题也呈现出点状分布的局面，但还未对核电站安全规制的行政法原理与体系建构展开系统研究。[②] 在研究目标上，大多数学者以我国核安全法律体系的制定与完善为终极关怀，但对核电安全规制的公法基础与体系化关注不足；在研究方法上，因循的是"域外制度—中国制度"的移植思路，缺乏对核电站安全监管制度背后的公法原理的解剖；在研究视角上，民法、国际法与环境法层面的探讨较多，行政法视野下的剖析还未引起充分重视。[③]

**（一）核电站安全规制的基础课题**

仅仅追求核安全法律体系形式上的完备，不足以确保核电安全规制目标的实现。这是因为，核电站安全规制意味着行政法体系需要在规制原

① 盛愉：《核法初论》，《法学研究》1980 年第 6 期。
② 作者曾专门研究核能规制对行政法体系带来的挑战以及行政法如何回应的问题，参见伏创宇《核能规制与行政法体系的变革》，北京大学出版社，2017。杨尚东从行政过程与实质法治的视角探讨了核电风险决策的法律规制，参见杨尚东《高科技风险决策过程的法律规制——以核电的开发应用为分析对象》，中国法制出版社，2022。胡帮达在风险规制的语境下，阐述了核能法中安全原则的内涵、功能与相关的制度框架，参见胡帮达《核法中的安全原则研究》，法律出版社，2019。
③ 参见汪劲《核法概论》，北京大学出版社，2021；胡帮达《核法中的安全原则研究》，法律出版社，2019；伏创宇《核能规制与行政法体系的变革》，北京大学出版社，2017；汪劲、耿保江《核能快速发展背景下加速〈核安全法〉制定的思考与建议》，《环境保护》2015 年第 7 期；王社坤、刘文斌《我国核安全许可制度的体系梳理与完善》，《科技与法律》2014 年第 2 期；胡帮达、汪劲、吴岳雷《中国核安全法律制度的构建与完善：初步分析》，《中国科学：技术科学》2014 年第 3 期；汪劲《论〈核安全法〉与〈原子能法〉的关系》，《科技与法律》2014 年第 2 期；岳树梅《中国民用核能安全保障法律制度的困境与重构》，《现代法学》2012 年第 6 期；邓禾、夏梓耀《中国核能安全保障法律制度与体系研究》，《重庆大学学报》（社会科学版）2012 年第 2 期；陈俊《我国核法律制度研究基本问题初探》，《中国法学》1998 年第 6 期。

理、机构、手段、责任与纠纷解决等方面作出积极回应。核电站安全制度的完善固然重要，但核电站安全规制无法脱离行政法理论的滋养与支撑。

核电站安全规制对政府规制理论提出了如下挑战：一是核电规制须面对核电安全与核电发展之间的紧张关系；二是核电规制具有较强的政治属性，与规制的独立性要求难免产生冲突；三是核电规制具有高度的专业性，规制权的运用及其监督面临着知识短缺的困境；四是核电损害的发生往往体现为非线性的因果关系，加大了风险预防的难度；五是核电损害的后果往往异常严重，对赔偿责任体系的变革提出了要求。与此相应的是，我国核电站安全规制面临着规制基础模糊、规制机构不独立、规制手段落后、规制责任不到位、规制救济与监督不足等问题。因此，核电站安全规制模式的转型势在必行，行政法理论亟须作出回应，从规制基础、机构、程序、手段、救济与责任等多方面完善核电站安全规制的体系。核电站的安全规制涉及风险规制的基础理论，需要行政法学等学科提供智力支持。① 但我国风险规制的研究更多的是以药品、食品、环境、卫生等领域为样本展开，结合核电规制的研究尚不多见。在核电站安全规制的基础方面，我国学者的研究

---

① 我国有关风险行政法的主要论文有王贵松《风险规制行政诉讼的原告资格》，《环球法律评论》2020 年第 6 期；王贵松《安全性行政判断的司法审查——基于日本伊方核电行政诉讼的考察》，《比较法研究》2019 年第 2 期；王贵松《风险行政的组织法构造》，《法商研究》2016 年第 6 期；戚建刚《风险规制的兴起与行政法的新发展》，《当代法学》2014 年第 6 期；金自宁《风险行政法研究的前提问题》，《华东政法大学学报》2014 年第 1 期；金自宁《风险规制与行政法治》，《法制与社会发展》2012 年第 4 期；沈岿《风险评估的行政法治问题——以食品安全监管领域为例》，《浙江学刊》2011 年第 3 期；沈岿《风险治理决策程序的应急模式——对防控甲型 H1N1 流感隔离决策的考察》，《华东政法大学学报》2009 年第 5 期；金自宁《作为风险规制工具的信息交流：以环境行政中 TRI 为例》，《中外法学》2010 年第 3 期；赵鹏《风险规制：发展语境下的中国式困境及其解决》，《浙江学刊》2011 年第 3 期；宋华琳《部门行政法与行政法总论的改革——以药品行政领域为例证》，《当代法学》2010 年第 2 期；赵鹏《风险规制的兴起与行政法的新课题》，中国法学会行政法学研究会 2010 年年会会议论文，泰安，2010 年 7 月；戚建刚《风险认知模式及其行政法制之意蕴》，《法学研究》2009 年第 5 期；金自宁《风险社会中的给付行政与法治》，《国家行政学院学报》2008 年第 2 期；宋华琳《风险规制与行政法学原理的转型》，《国家行政学院学报》2007 年第 4 期；李海平《论风险社会中现代行政法的危机和转型》，《深圳大学学报》（人文社会科学版）2005 年第 1 期。

大多着眼于核安全的立法与制度构建，对规制的基础着墨不多。

**（二）核电站安全规制组织的课题**

产生核损害风险的原因具有多元性，既有人为原因，也有技术利用本身的局限性以及自然灾害发生的原因。核安全监管应当通过风险预防尽可能减少核事故的发生，因而不能仅依靠监管机关（国家核安全局作为国务院核安全监督管理部门、国家国防科技工业局作为核工业主管部门以及国家能源局作为能源主管部门），还有赖于核设施营运单位、放射性废物处理处置单位等主体的自律，《核安全法》赋予后者更多的风险预防义务。同时，通过信息公开制度、行政举报制度与征求意见制度形成的公众参与，构筑了核电设施经营活动的监督与制约机制。

由于核安全监管涉及核工程学、地质学、化学、建筑学与环境学等多种专业领域的知识与技术，《核安全法》还引入了技术支持单位与核安全专家委员会等主体，前者受托进行安全技术审查，后者为核安全规划和标准的制定、核设施重大安全问题的技术决策提供咨询意见。引入专家参与不仅能提升核安全监管的专业性，还能促使行政机关尽可能在行政决定过程中吸收不同的科学知识与见解，从而进行更谨慎的风险评估与更适当的风险决策。

核电站安全规制的目标与促进核电利用发展的政策取向之间存在相当大程度的紧张关系，且核电站的安全规制具有较强的专业性，对核电站安全规制组织的独立性保障提出了要求。针对促进安全的政府、法律与管制框架，国际原子能机构安全标准的"一般安全标准"第一部分提出了规制机关独立性的一般性标准，明确要求政府确保规制机关在安全决策上具有有效性与独立性，以及在规制机关与其他基于职责或利益可能对安全决策产生影响的组织之间进行功能上的区分。① 至于为何要实现

---

① 参见 IAEA( International Atomic Energy Agency)，GSR Part 1，Requirement 4: Independence of the Regulatory Body，https://www-pub. iaea. org/MTCD/Publications/PDF/P1713C _ web. pdf，最后访问日期：2022 年 11 月 5 日。

核电站安全规制组织的独立性，独立性的内涵如何，怎样保障核电站安全规制组织的独立性，则不仅涉及核安全规制职能与核利用促进职能是否应当分离的问题，还涵盖核安全规制组织如何融入我国宪法与组织法体系的深层次问题。行政法学需要对核安全规制组织的地位、级别、组成、决策形式以及与其他行政机关的关系等问题进行积极思考并作出回应。①

**（三）核电站安全规制程序的课题**

核电站安全规制的信息公开、公众参与、行政许可与行政执法等，都牵涉行政程序的适用，其中最突出的是核电站许可程序的模式选择及具体构建。信息公开、公众参与也属于规制手段的范围，本书将二者分别作为一部分专门展开论述与探讨。我国《核安全法》第 22 条确立了核设施安全许可制度，核设施营运单位进行核设施选址、建造、运行与退役等活动，都应当获得国务院核安全监督管理部门的行政许可。从现有规定来看，我国立法在核设施安全许可上采用了多阶段的许可程序。2019 年生态环境部颁布了有关核设施许可程序的规章即《核动力厂、研究堆、核燃料循环设施安全许可程序规定》，取代国家核安全局于 1993 年与 2006 年分别颁布的《核电厂安全许可证件的申请和颁发》《研究堆安全许可证件的申请和颁发规定》，对多阶段的许可程序进行具体化。

多阶段许可程序一般在大型设施的行政许可中得以采用，分步骤地处理复杂而专业的安全问题。究竟是采用多阶段的许可程序，还是将许可程序进行合并，会影响核电站安全规制行为的可预测性与安定性。多阶段许可程序由于削弱了行政规制的可预测性，后续阶段的规制决定完全有可能变更甚至否定先前阶段许可决定的内容与效力，核设施营运者的财政负担随之增加，并非没有争议。合并的许可程序则可能无法根据

---

① 相关研究不多，具有代表性的有胡帮达《核安全独立监管的路径选择》，《科技与法律》2014 年第 2 期；李晶晶、林明彻、杨富强等《中国核安全监管体制改革建议》，《中国能源》2012 年第 4 期；吴宜灿、李静云、李研等《中国核安全监管体制现状与发展建议》，《中国科学：技术科学》2020 年第 8 期。

核电站建设与运营的情况以及科学技术发展的最新水平，灵活地对安全规制的要求进行调适。由此引发的争论在美国核电站安全规制史上此起彼伏，最终许可程序从多阶段许可制演变为合并许可制，但核电站许可程序的模式依旧存有争议。

核电站规制许可程序的模式选择不仅是行政法学的问题，还延伸至行政规制理论领域，需要借助宪法学、社会学与经济学等学科的交叉与融合来进行考察。多阶段行政行为的研究在我国还未引起足够的重视，对核电站安全规制中的许可程序安排更是缺乏相应的思考，因而将其作为规制程序的核心内容进行分析非常必要。[①]　这首先需要对我国核电站许可程序的制度选择作出剖析，其次要对选择采用多阶段许可制还是合并许可制进行探讨，最后须关注核电站安全许可不同阶段的安全标准适用以及前阶段对后阶段行政决定的构成要件效力。

**（四）　核电站安全规制手段的课题**

《中华人民共和国放射性污染防治法》（以下简称《放射性污染防治法》）、《中华人民共和国民用核设施安全监督管理条例》（以下简称《民用核设施安全监督管理条例》）等规定了行政许可、行政检查、行政处罚与行政强制等手段，这仍然沿袭了传统秩序行政法的控权理念与路径，忽视了风险预防原则下核电安全规制手段的特殊性，不足以充分保障核电站安全规制目标的实现。伴随着核能立法趋向维持开放性与原则性，行政机关在核电站规制中拥有更多的自主空间，多阶段行政程序、技术标准、信息公开、公众参与等在核电站规制过程中的运用是确保行政规制理性的必然要求。在核电站规制合法性约束方式转变的背景下，核电站规制手段应当突破传统行政活动的樊篱，确保核电安全规制决定

---

①　可参考的研究文献有王社坤、刘文斌《我国核安全许可制度的体系梳理与完善》，《科技与法律》2014 年第 2 期；肖泽晟《多阶段行政许可中的违法性继承——以一起不予工商登记案为例》，《国家行政学院学报》2010 年第 3 期。

的合法性、正确性与效率性。

"命令—强制"的手段强调许可与处罚，更多的是从事前与事后减少核事故发生可能性，信息公开、公众参与等规制工具的运用则加强了核电站营运过程中的安全监管，更有利于风险预防原则的贯彻。而且许可体现为事前控制，难以摆脱人类知识与科学技术的局限性，核电站事故一旦发生，往往异常严重，事后"亡羊补牢"，恐为时已晚，因而核电利用与规制的特殊属性呼唤对核安全规制手段进行革新，《核安全法》对此作出了有力回应。

信息公开与公众参与作为核电站安全规制过程中的手段，需要结合核电站规制的特殊属性进行检讨并完善。一则核电信息公开的范围界定、中央与地方在核电信息公开事项上的权限分配等问题，须平衡国家秘密、核设施营运者的权益以及公众的知情权；二则基于核电信息与知识的专业性，公众参与的功能、主体、类型与实效亟须予以澄清。

### （五）核电站安全规制责任的课题

《核安全法》规定了核损害赔偿制度，明确了核设施营运单位是唯一的责任主体，并施行无过错责任归责原则。只有在极少数情形如战争、武装冲突、暴乱下，才排除核设施营运单位的责任，如重大自然灾害都没有从应承担责任的情形中排除。《核安全法》对核损害赔偿的规定较为原则，是因为"考虑到核损害赔偿问题较为复杂，本法可只对核损害赔偿问题作原则规定，有的问题可按照国家有关规定执行，有的问题可在今后通过专门立法作出规定"。[1] 亦因此，不仅核损害民事责任的规定比较粗糙，而且对核损害赔偿的因果关系、损害范围、责任担保等构成要件缺乏进一步明晰，我国政府于 2007 年通过的规范性文件《国务院关于核事故损害赔偿责任问题的批复》（国函〔2007〕64 号）确立的核损

---

① 《全国人民代表大会法律委员会关于〈中华人民共和国核安全法（草案三次审议稿）〉修改意见的报告》，2017 年 9 月 1 日。

害的国家补偿责任在定性、范围等问题上亦模糊不清。

核事故一旦发生，对人身健康、财产与生态环境造成的损害往往十分严重，仅通过核设施营运单位承担赔偿责任不足以弥补。设定核事故损害民事赔偿的限额的正当性何在？针对核损害的国家补偿的性质应当如何界定？民事赔偿责任与国家补偿责任之间呈现出何种关系？新型的责任保险制度如何构建？这一系列问题的回答既关系到受害人获得赔偿权利的保障，也需要追问如何贯彻风险预防原则以在促进核能利用与保障核电安全之间进行适当平衡。

### （六）核电站安全规制救济的课题

与美国、德国、日本等国家存在大量由核电站规制引发的案件不同，我国在核电站运营的 30 余年间还没有发生一起核电站诉讼。2012 年安徽省望江县政府针对江西省彭泽县核电站选址提出种种疑问与意见，最终未能转化为中国的核电诉讼第一案，我国法院也没有机会通过个案的判决对核电站的安全责任进行规制。行政诉讼与司法审查是悬挂在核电站安全规制头上的一把"达摩克利斯之剑"，实践的空白不应成为理论与制度构建进行消极对待的托词。

相较于公众参与属于规制过程中的监督，诉讼则属于核电站安全规制后端的救济方式。与一般的行政诉讼不同，核电站规制诉讼在原告资格与司法审查两个方面具有自身的特征。首先是原告资格方面，核电站诉讼存在核事故的实际受害者和可能受到核辐射与核事故侵害的主体，针对后者提供的是以对未来损害的预测为基础的司法救济。除了规制决定的直接行政相对人，哪些主体属于核电站安全规制决定的间接行政相对人或者利害关系人，有权在核辐射或核事故尚未发生时对规制决定或规制不作为发起挑战，便是行政法学不得不关注的重要课题。其次是司法审查方面，法院如何对规制决定进行司法审查，面临着法定审查标准模糊与难以满足审查专业性要求的双重困境。基于立法调整本身的局限性与动态的基本权利保护目标，行政机关被授予了较为广泛的自主规制空间，这使司法审查的标准面临着不明确的困境，加上法官不具有足够的专业知识，导致法院缺乏对核电站规制决定进行制约与监督的积极性，以至于核电站的规制决定成为"脱缰的野马"。因而对核电站诉讼中的司法审查标准与密度的界定，既要对司法审查的困境予以必要关注，也要夯实法院在核电站安全规制中所应承担的监督责任。

## 第二节　核电站安全规制的独特基础

对核电站进行安全规制既是承担基本权利保护之国家义务的体现，也涉及国际合作、核安全文化建设、安全教育等多种路径，本书侧重在行政法的视野下，探讨核电安全规制的模式转型与行政法理论的回应，剖析契合我国核电安全规制的一般公法原理、组织、程序、手段、救济与责任体系。核电站安全规制的独特基础主要体现在以下三个方面：其一，规制对象的独特性，要求核电站安全规制从危险防止转向风险预防；其二，基于规制目标的独特性，核电站规制须平衡安全与发展之间的冲突；其三，面对规制方式的独特性，核电站安全规制在客观主义与主观主义的争论下，难以回避科学性与民主性的双重保障难题。

## 一　规制对象的独特性：从危险防止到风险预防

### （一）核电站安全规制模式的转变

与平常的危险相比，核能风险具有事故发生概率低，但一旦发生会带来极其严重损害的特点。传统危险防止型行政围绕损害发生的盖然率和损害程度两个面向构建，最终回溯到一般的生活经验之上，"这必然对于科技法中的安全预测要失灵"。① 相较于以危险防止概念为中心的行政法模式，风险预防在风险的性质与程度、风险判断的依据、风险预防的决定作出等方面具有自身的特点与内涵。②

其一，核电利用产生的风险在性质和程度上不同于危险。危险的发生遵循特定的因果关系定律，能凭借一般的生活经验预测。核科学技术日新月异，也不能完全避免核损害的发生，即便依照最新的科学专业知识，对特定损害发生的因果关系既不能予以肯定，也不能予以否定。③损害发生因果关系的认识处于特别的认知不确定性之中。就此存在的不是危险，而是危险疑虑（Gefahrverdacht）或潜在担忧（Besorgnispotential）。④ 这种损害可能性应当纳入国家公权力预防的范围，否则将导致个人权利与环境利益遭受侵害。"任何坚持对因果关系进行严格证明的人，都是对工业造成的文明污染和疾病的最大程度无视和最小程度承认。"⑤因而在因果关系的判断上，风险预防须采取较为宽松的标准。核能利用涉及对核燃料进行加工、运输、贮存与发电等，通过核燃料的裂变释放能量，裂变反应中产生的中子、放射性物质以及核废料对人体危害很大，核事故往往对人体与环境造成严重的损害。在核损害一般十分严重的情形下，基本权利的国家保护范围必然要有所扩大。

其二，在风险判断的依据上，核电规制应当借助科学专业知识。对危险进行预测以一般的生活经验为导向，而对风险的判断不能凭借一般的生活经验，而应借助科学理论知识或工程技术方面的专业知识。风险判断的依据与规制标准有着千丝万缕的联系，既可依照技术发展的水平与经验对风险进行判断，也可凭借纯粹的科学理论知识对风险进行预测。

---

① Arno Scherzberg, "Risiko als Rechtsproblem-Ein neues Paradigma für das technische Sicherheitsrecht," *Verwaltungsav chiv* 1993, S. 492.
② 参见伏创宇《核能规制与行政法体系的变革》，北京大学出版社，2017，第 49～51 页。
③ BVerwGE 72, 300, S. 315.
④ BVerwGE 72, 300, S. 315.
⑤ 乌尔里希·贝克：《风险社会》，何博闻译，译林出版社，2004，第 74 页。

核电厂概率安全分析起源于 20 世纪 70 年代，我国在《核动力厂设计安全规定》与《核动力厂运行安全规定》中均将概率论分析方法作为核电厂风险评估的方式，但此种方法对核损害程度与核损害发生盖然率的计算均有局限性。一则，概率论分析方法须与确定论分析方法、工程判断相结合适用；二则，概率论分析方法尽管须考虑各种影响安全的因素，但属于以概率论为基础的风险量化评价方法，通过模型来计算核电站事故的发生频率与后果大小，分析结论具有较大的不确定性。[①]

其三，风险预防的要求不同。危险的判断要求损害发生具有充分的盖然性，并在危险防止上运用反比例衡量公式，即损害性质和损害结果越严重，损害盖然率要求越低。而风险的判断受制于人类认知的局限性，不要求损害发生具有充分的盖然性。即使损害发生概率很小，甚至极不可能发生，但对个人权利与环境的损害程度可能异常严重，国家公权力仍然应当采取风险预防措施，防止基本权利遭受核电利用的可能侵害。在核能规制领域，国家权力启动的判断应当摒弃充分盖然性标准与反比例衡量公式，后者既未对核能利用的特殊属性予以充分观照，也不利于基本权利的保护。在法规范意义上如何确定风险预防所必要的损害发生盖然率，无法通过传统的危险防止教义学予以阐明。风险预防本质上蕴含了行政机关评价的空间，如何保障行政的合法性约束从而防止行政的恣意，便成为核电安全对行政法学提出的重大课题。

### （二）风险预防模式下核电站安全规制的变革

核电站安全规制不同于秩序行政法下的危险防止型行政。传统行政

---

[①] 参见《核动力厂设计安全规定》（2016 年修订）。《核动力厂设计安全规定》（2016 年修订）第 5.1.11.3 条规定："可根据核动力厂所处的地形条件和厂房布置，确定可能的撞击角度和速度，并采用现实模型来评价和确定核动力厂抗商用飞机撞击的措施。"国家核安全局颁布的《概率安全分析技术在核安全领域中的应用（试行）》也指出，"我国现行的核安全法规仍然是以确定论安全方法为主要技术基础的"，以及概率论分析方法"是对确定论分析方法的补充或扩展"。

法以法律保留与司法审查为中心的行政权控制方式，面对核电站安全规制显得越来越力不从心。一方面，核电损害后果的严重性对扩大基本权利的国家保护义务提出了要求；另一方面，核事故损害发生的难以预测性、核电规制的专业复杂性，导致国家难以通过详细完备的立法来约束核电安全规制。因而，法律体系在形式层面上的健全不足以确保核电规制的科学性与实效性，公法应当更新规制理念与方式，更多地借助法定原则与标准，改革规制组织，引入行政过程的规制手段。

其一，风险预防模式下的核电规制组织应当具有一定的独立性。核电站安全规制既应避免受到核能利用与产业政策发展的不当干预或影响，也应当在规制组织的权限、财务与人员配备上具备足够履行风险预防义务的专业能力。

其二，风险预防模式下的核电站许可程序构造应当追求充分的安全保障，同时满足一定的程序效率与可预测性的要求。核电站项目属于大型设施建设，包括选址、设计、建造、运营与退役等不同环节，一般需要设置多阶段的行政许可。多阶段许可的安全保障标准、公众参与程度、审查程序以及不同许可决定之间的相互关系等，皆凸显了风险预防、安全保障、利害关系人的权益保护与核设施营运者的权益维护、促进核电产业发展等多元利益之间的紧张关系。

其三，风险预防模式下的核电信息公开不能局限于知情权的保障，还需处理信息的可理解性、知情权保障与适度的风险预防之间的衡量等问题。一方面，核电信息往往涉及较为晦涩难懂的专业术语与知识，即便公开，也未必能为社会公众所理解，进而增强公众参与的有效性；另一方面，由于民众对信息理解具有局限性，信息公开可能引发公众恐慌。因此，如何设定核电信息公开的权限与程序亦是核电站安全规制有待澄清的重要课题。

其四，风险预防模式下公众参与、专家意见与规制决策之间的关系应当进一步界定。区别于秩序行政模式下的危险防止，风险预防意味着核电规制机关的保护义务扩大，与此同时又面临着规制专业知识不足的困境，这给规制决策带来了重大挑战。核电站的安全规制究竟奉行以专家判断为核心的客观主义，还是偏重以公众参与为核心的主观主义，公众参与在核电站安全规制中发挥着何种功能，实乃风险预防中实现公众参与无法回避的问题。

其五，核损害的风险具有不确定性，因果关系的判断也比较困难，相较于一般的行政纠纷，核电站规制引发的行政诉讼的原告资格与司法审查有必要进行重新厘定。一则，除了核电站规制行为的直接行政相对人（一般是核设施营运者），间接行政相对人也有权利针对规制行为提起司法救济。如何认定核电站规制行为的利害关系人，不仅涉及"利害关系"之认定标准，还关乎权益侵害可能性的判断，以及利害关系人针对核设施营运者提起民事侵权诉讼与针对规制机关提起行政诉讼之间的复杂关系。二则，法院面对核电站安全规制决定的专业判断，应当遵循何种审查标准并给予何种程度的尊重，关系到司法权在履行安全规制职责上的角色与地位。

其六，与风险预防相伴随的是核事故带来损害的严重性，这对核损害的民事责任、政府补偿责任与保险制度变革提出了要求。核损害的民事赔偿责任实行无过错归责原则是域外普遍的做法，但是否应通过立法对民事责任进行限额规定？政府在核设施营运者不足以承担核损害民事责任的情形下是否应承担补偿责任？传统保险制度面对核电产业的无力能否激发核电领域新的保险类型运用？这些责任分配的背后，蕴含着贯彻风险预防原则的手段，以及核电产业利益、核设施营运者的利益、受害人的权益、规制安全的保障等不同利益与价值之间的衡量。

## 二 规制目标的独特性：安全与发展的平衡

核电站安全规制建立在国家允许发展核电利用的基础之上，蕴含了核电安全与核电发展的内在冲突。除非直接退出核电的利用领域，否则安全规制便必然游走于安全与发展的双重目标之间，以取得适当平衡。即便遵循核电安全优先的原则，也不能一概否定核电发展的基本立场。在核电站规制上，安全与发展的冲突解决体现在规制标准的设置、核电发展职能与核电安全规制职能的关系、核电站许可程序的安排以及核电站安全规制责任的确定上。

**（一）　核电发展与核电安全的冲突**

核能的最初利用源于军事用途，其登上历史舞台源于美国与苏联在20世纪40年代的对抗，核电发展的动因则是能源需求以外的考虑。"放弃美国在扩大和平利用原子能方面的领先地位，将严重损害其国际影响以及在科技发展方面的统领。"[①] 核能利用虽然具有破坏作用，却能对经济与社会的发展产生积极的助推作用。军备竞赛带来的恐惧迅速被核能的积极一面淡化，时任美国总统的艾森豪威尔（Dwight D. Eisenhower）呼吁"为了全人类的利益，这一最大的破坏性力量可以发展成一个巨大的恩惠"，最终使核能的民事利用得到政治层面的认可。

允许核能的民事利用，本身即蕴含着核能利用促进与核能安全保障的双重目标追求，且一般遵循安全保障优先原则。《中华人民共和国国家安全法》（以下简称《国家安全法》）将核安全作为国家安全的重要组成部分，"加强对核设施、核材料、核活动和核废料处置的安全管理、监管和保护"属于维护国家安全的任务之一。[②] 在立法目的上，《核安全法》第1条将"保障核安全"与"保护公众和从业人员的安全与健康，

---

① J. Samuel Walker and Thomas R. Wellock, "A Short History of Nuclear Regulation, 1946 – 2009, "in Fisher Emily S. , ed. , *Nuclear Regulation in the U. S. : A Short History*, Nova Science Publishers, 2012, p. 2.

② 《国家安全法》第31条规定："国家坚持和平利用核能和核技术，加强国际合作，防止核扩散，完善防扩散机制，加强对核设施、核材料、核活动和核废料处置的安全管理、监管和保护，加强核事故应急体系和应急能力建设，防止、控制和消除核事故对公民生命健康和生态环境的危害，不断增强有效应对和防范核威胁、核攻击的能力。"

保护生态环境"置于"促进经济社会可持续发展"之前，这意味着保障核安全为该法的首要目的。同时，该法第 4 条规定的"确保安全的方针"以及"安全第一"原则重申了安全保障优先原则。

且从域外有关核能法的立法宗旨与目标来看，发展与安全的目的相伴相随。如美国《原子能法》第 1 条即宣示了核能利用发展的目标：原子能既可用于军事目的，也可用于和平目的。因此，美国的政策是：（1）原子能的开发、利用和监管应当最大可能（make the maximum）地服务于公共福祉（general welfare），并始终以最大限度地追求公共防卫与安全（common defense and security）为首要目标；（2）原子能的开发、利用和监管应当着眼于促进世界和平，促进公共福祉，提高生活水平，加强私营企业之间的自由竞争。尽管美国、德国与中国等国家的相关法律都宣示安全至上的立法宗旨，但安全与发展本身就存在天然的冲突，如何在监管组织、监管手段、监管程序与监管责任等具体问题上进行利益平衡并体现安全优先，仍然是理论与实践中未竟的重要课题。

我国《核安全法》第 3 条首次在世界上提出的"理性、协调、并进的核安全观"包含着发展与安全并重的价值权衡。该法第 4 条强调"安全第一"，表达的主要是一种理念和基本方针，"如何实现'安全第一'、如何衡量'安全'第一难以在法律中量化，而对行为的量化又是法律思维的基本要素"。[①] 法律制度与规制实践中，如何在体现安全保障优先的同时促进核电利用的发展，是除规制知识局限性之外带给核电站安全规制的另一难题。核电规制需要平衡核电安全保障与核电利用促进之间的价值冲突，过于严苛的核电规制标准会增加受规制核电企业的成本，过于严格的核电规制程序会减弱规制的灵活性，缺乏限额的核电侵权民事赔偿可能使核电企业走向破产，这些毫无疑问都不利于核电技术的发展与利用。亦因此，成本效益分析方法并非一开始就被排除在核电站安全

---

① 陆浩主编《中华人民共和国核安全法解读》，中国法制出版社，2018，第 26～27 页。

规制过程的考量之外。[1]

缓解核电发展与核电安全之间的冲突不可避免要运用比例原则。比例原则在风险预防中的适用，可从核能法规范的双重立法价值中获得正当性。《放射性污染防治法》第 1 条即开宗明义地指出了核能规制既要"保护环境，保障人体健康"，又要"促进核能、核技术的开发与和平利用"。《民用核安全设备监督管理条例》第 1 条亦设定了监管的双重目标，即"保障工作人员和公众的健康，保护环境"与"促进核能事业的顺利发展"。换言之，比例原则在风险预防措施的决定中适用，是实现核能立法所确立的双重目的之必然要求。[2] 在法律规范中核能利用许可、核能利用监督的标准与条件模糊不清的情形下，行政机关针对个案中决定是否采取预防措施、采取何种预防措施必然具有衡量空间。比例原则在风险预防中如何适用，需要考虑到核能规制的目标与适用的前提条件。

有学者在对美国经验梳理与总结的基础上，主张我国核能规制立法应当体现"发展和安全并重，以确保安全为前提发展"的立法目的，"将促进核能发展和安全监管的政府职能进行充分的分离"，"确定一个总体的可接受的风险规制目标"，监管手段设计"既能实现安全目标又不给企业带来不必要的监管负担"，并且"进一步强化核损害赔偿责任规则的安全约束功能"。[3] 这一定程度上表明，安全与发展的冲突会体现在核电站安全规制的组织安排、标准设定、规制手段以及规制责任等具体法律问题上。

### （二）安全与发展冲突下的核电站安全规制

为因应安全与发展的冲突，核电站安全规制需要有限度地引入成本

---

①　参见 Linda Cohen, "Innovation and Atomic Energy: Nuclear Power Regulation, 1966 – Present," *Law and Contemporary Problems* 43(1979): 67 – 97。

②　Rüdiger Nolte, *Rechtliche Anforderungen an die Technische Sicherheit von Kernanlagen: Zur Konkretisierung des § 7 AbS. 2 Nr. 3 AtomG*, Duncker & Humblot Gmbh, 1984, S. 60.

③　参见胡帮达《安全和发展之间：核能法律规制的美国经验及其启示》，《中外法学》2018年第 1 期。

效益分析，在组织安排上实现安全规制职能与利用促进职能的分离，规制手段的运用与规制责任的设置应当体现安全与发展的平衡。

其一，风险预防与成本效益分析的关系。最好的风险预防是禁止核能发电，允许核电产业发展本身就是经过成本效益分析后的政治决断。相较于其他电力产业，核电发展在推进能源战略、减少温室气体排放、促进社会经济发展等方面具有一定的优势。但是否允许核电利用的成本效益分析与如何规制核电利用的成本效益分析不可同日而语，后者还涉及规制对行政机关带来的成本、对核电企业带来的成本。对企业而言，"由于大量的成本，规制有时会在可行性的立场下引起严重的问题，它将会导致很多公司破产或要求现在或最近都不会有用的技术"。① 核电站的安全规制过程可以划分为确定何为安全的阶段以及如何保障安全的阶段，成本效益分析只能在行政裁量的空间下运用。在确定何为安全的阶段，规制机关应当基于专家判断与公众参与，来决定哪些对于健康与环境的风险是可接受的，在此阶段不能考虑成本和技术的可行性，② 这是基于风险预防的要求。而在如何保障安全的阶段，对规制措施的选择，则可以展开成本效益的分析，从而避免安全保障优先的价值受到损害。

其二，安全与发展并进的职能与组织安排。促进核电技术利用采用的是规划、贷款、补贴等手段，如根据美国 2005 年《能源政策法》，核电作为能够减少甚至避免温室气体排放的产业，在贷款担保、生产税减免上受到特别优待。③《核安全法》的出台，意味着我国采用了核安全法

---

① 凯斯·R. 孙斯坦：《风险与理性——安全、法律及环境》，师帅译，中国政法大学出版社，2005，第 250~251 页。
② 参见胡帮达《核法中的安全原则研究》，法律出版社，2019，第 125 页。
③ 美国国会设立贷款担保，为能够避免或减少人为温室气体排放物的能源项目提供不超过项目成本 80% 的贷款担保，而核电项目有条件占该担保的相当大部分。此外，该法还规定了在核电站开始发电后的 8 年内，提供 1.8 美分/千瓦时的生产税抵免，以刺激投资和新核电站的建设。为此，《能源政策法》规定了接受抵扣的总容量，以及单个项目每年 1.25 亿美元的抵扣上限。参见约瑟夫·P. 托梅因、理查德·D. 卡达希《能源法精要》（第 2 版），万少廷等译，南开大学出版社，2016，第 323~324 页。

和原子能法并行立法的模式。两类法律在立法宗旨与调整对象上必然存在重大差异，前者侧重保障核安全，保护人体健康、财产与自然环境，后者强调规范和促进原子能的研究、开发和利用。核安全法和原子能法是否并行立法，未有统一的模式可供遵循，如美国、德国采用统一立法模式，韩国采用并行立法模式，更重要的是，应更多地关注如何界定核安全监督管理部门与核利用管理部门的关系，理顺相关主管部门的职责与相互关系。在日本福岛核电站事故后，日本、韩国等国家都由之前核安全监管与核利用促进部门合二为一的模式，转向核利用管理机关与核安全规制机关分离的模式，同时规定禁止回头任职的"旋转门"条款，即核安全规制机关的职员不得调任至与促进核能开发利用有关的行政组织。在我国，如何实现核电安全保障职能与核电发展职能在组织架构上的分离，有待进一步澄清。

其三，规制手段运用上安全与发展的平衡。就核电站安全规制主要手段（如行政许可、信息公开、公众参与）的运用而言，安全与发展的冲突与衡量贯穿其中。在许可上，以德国为代表的多阶段许可程序及效力的不确定性，会导致作为许可对象的核电企业的经营成本与风险增加，而以美国为样本的合并许可模式虽然立足于减少核电产业负担并促进核电发展的目标，却面临着牺牲核电安全保障的种种质疑。无论是规制机关的信息公开还是核电企业的信息披露，追求更高的透明度无疑能增加民众对核电规制的信赖与监督，但亦可能损害核电企业享有的商业秘密权益。至于公众参与，不同国家在类型、程序与效力等方面不尽一致，过度的公众参与不仅不利于核电站的安全规制，反过来还会导致核电许可程序不同程度的拖延，甚至可能如德国一样走向核电利用的终结。

其四，规制责任设定上安全与发展的平衡。《中华人民共和国民法典》（以下简称《民法典》）将核电运营产生的侵权责任纳入高度危险责任，并针对该责任设定了限额。设定核电营运企业的责任限额，实质上是保护其不因巨额民事赔偿而严重影响运营甚至破产，一定程度上体现了对核电产业发展积极性的保护。而政府有限度的补偿，则意图弥补核电侵权的民事责任限额不利于受害人权益保护的局限。此种制度安排是否有利于核电营运企业安全义务的履行，存有反思的余地。核电站规制的赔偿责任体系如何得到优化，容有进一步探讨的空间。

## 三 规制方式的独特性：科学与民主的平衡

核电站安全规制与一般秩序行政存在显著差异，其须面对不同于危险的风险。危险的概念建立在传统线性因果关系的基础上，认为法益的损害可追溯至特定的原因，从而国家或个人应当避免特定原因的发生。风险的概念则否定了确定的因果关系律，主张法益的损害可能由多种原因交错形成，无法追溯至特定的原因。核电站的安全规制应解决专业知识局限性与多元利益衡量等多重难题，在科学与民主之间进行平衡。

### （一）规制的客观主义与主观主义

风险评估存在客观主义与主观主义之争。风险评估的客观主义认为，风险能够被客观认识，进而提倡具有透明度、独立性与优越性的专家治理。这种主张将风险评估建立在科学证据的基础上。与此相反，风险认知的主观主义则反对科技理性的绝对化，主张风险建构的社会维度。"风险既是科学的建构，也是社会的建构。"① 一方面，科学协助制造并界定了风险；另一方面，这些风险又受到公众和社会的批判。在它们交互影响的过程中，科学技术的发展呈现出重重矛盾。

风险评估的客观主义遭遇"概念不确定"（conceptual uncertainty）、"测量不确定"（measurement uncertainty）、"样本不确定"（sampling uncertainty）、"模型不确定"（modeling uncertainty）、"因果关系不确定"

---

① 乌尔里希·贝克：《风险社会：新的现代性之路》，张文杰、何博闻译，译林出版社，2018，第 192 页。

（causal uncertainty）等科学不确定性的挑战。[①] 风险评估的主观主义认为，科学证据本身可能具有不确定性，专家有时也会对风险形成各种不同看法，"对于什么是核电站不能接受的危险，这些科学家和工程师的不同意见（有些导致了公开的争论）给核工业造成了很大的不确定性和混乱，甚至还挫败了核能规制委员会起草有意义的检查指导标准的十分真诚的尝试"。[②] 加上民众对风险或安全的认知也会有不同的判断，使风险的判断与认定已非单纯的科学技术问题，亦形成蕴含价值判断的社会建构。风险评估所依赖的科技理性难以得到保障，"计算风险的常规基础，如事故和保险、医疗预防等概念，并不适用于这些现代威胁的基本面"。[③] 对核电风险的评估具有预测性，缺乏足够的历史经验可供借鉴，作为评估基础的科学证据本身也具有不确定性。迄今为止，严重的核电站事故在世界范围内屈指可数，特别是在中国尚未发生过，依托数据分析与反复实验的监管便具有局限性，因而科技理性不足以单方面支撑风险决策的正当性。

与此同时，核科技决策过程中的民主参与亦有助于决定的科学化。以 1986 年切尔诺贝利核电站事故对英国坎布里亚郡的污染为例，普通民众对行政决定所依赖的专门知识的发现具有重要贡献。切尔诺贝利核电站事故发生后，英国政府担心核放射物会落到距核电站 1800 英里（约2900 公里）的坎布里亚郡，进而形成沉淀物并污染土地。一个由英国最顶尖的核专家组成的评估团通过反复取样和调研得出结论，低地的土壤是碱性黏土，因此沉淀物无法渗入其中，核放射物将在 3 个星期内全部消失，牧民们可以放心牧羊，羊群不会受到核污染影响。但有一个叫穆

---

① 参见 Vern R. Walker, "The Myth of Science as a 'Neutral Arbiter' for Triggering Precautions," *Boston College International and Comparative Law Review* 26(2003): 204 –211。

② 肯尼思·F. 沃伦：《政治体制中的行政法》（第三版），王丛虎等译，中国人民大学出版社，2005，第 632 页。

③ 乌尔里希·贝克：《风险社会：新的现代性之路》，张文杰、何博闻译，译林出版社，2018，第 7 页。

雷克的年轻牧羊人认为专家们只评估了坎布里亚郡的低处土壤，忽略了高处的土壤，而高处土壤大都是泥炭，应该属于偏酸性。最终其意见引起英国政府重视，专家组通过重新评估，发现坎布里亚郡高处土壤中的核放射物没有消失。政府因此颁布了限制羊群活动的禁令，直到切尔诺贝利核电站事故发生后的第 27 年即 2013 年，禁令才被解除。① 由此可见，仅依赖专家的风险评估可能变得狭隘，民众的地方知识与实践知识也许欠缺清晰的科学逻辑，但基于其对当地的熟悉以及拥有的实践经验，能够弥补专家知识的不足。

### （二）核电站安全规制的科学性保障

如何保障核电站安全规制的科学性，涉及科学标准的认定问题。普遍承认的科学标准可以减轻风险规制决定的论证负担，但亦面临着认定上的困难，对于以何种领域为标准、在该相关领域专家中有多少比例认同才属于普遍承认的标准，相关争议仍然存在。而且，普遍承认的科学标准否定了科学前沿观点对规制决定的拘束力，毕竟科技发展的最新观点总归需要经历一段时间才能得到普遍承认。德国联邦宪法法院即指出："将普遍承认的技术规范在法律层面上予以制度化，将永远落后于技术的不断发展。"②

而且，普遍承认的技术规范通过专家参与制定，体现的是多数技术专家的观点，少数专家的意见则被排除在规制标准的考量范围之外。在损害风险的判断上，少数专家的意见未必分文不值，特别是在人类对损害发生与科技利用之间因果关系的判断模棱两可的情形下，少数专家的意见或许能防范严重损害后果的发生。"预设必定是想像的，默认其真理性的。同样在这个意义上，风险是不可见的。暗含的因果关系常常维

---

① 参见徐竞草《一个阻止了核污染的牧羊人》，《知识窗》2015 年第 5 期。
② BVerfGE 49, 89, *Neue Juristische Wochenschrift* 1979, S. 362.

持着或多或少的不确定性和暂时性。"① 因此，技术的民主化未必能达至科学理性，对技术规范的普遍承认固然能够减少规制标准的模糊性，却可能降低规制的安全水平。

其一，关于风险评估与风险管理及决策是否应当分离。风险评估是指以科学研究为基础对风险的特征进行评估，风险管理及决策是根据风险评估的结果作出政策选择与具体决定。欧盟食品法将以科学证据为基础的风险评估工作与风险管理及决策工作分离开来，前者归属于欧洲食品安全局（European Food Safty Authority），后者归属于欧盟执委会，将两者分离的目的在于确保风险评估的独立性与客观性。虽然法律未明确欧洲食品安全局的科学意见具有法律上的拘束力，但要求决策者应当考虑其意见。② 即便风险评估与风险管理及决策相分离，风险评估既可能对风险管理及决策产生事实上的拘束力，也可能受到风险管理及决策机关的影响。

其二，关于风险决策的程序如何考虑各种不同专业观点。风险决策的形成并非仅以参考专家意见为充分条件，一方面科学证据本身具有不确定性，另一方面有时候专家也可能低估风险。风险预防不仅限于对科学专业认知的调查，还包含评价的余地。行政机关不仅应当考虑普遍承认的科学认知（herrschende Meinung），还应衡量各种合理的专业意见。科学专家在核能规制中的角色既不能简单地等同于行政助手（Verwaltungshelfer），也不能直接等同于风险预防的决定者，其参与条件、程序、效力等问题有待在法律规范上厘清。③ 因此，风险决策的过程还是政治判断过程，如何构建核电站安全规制的程序，需要处理规制机关与评估组织的关系、规制机关与民众的关系，并建构围绕多元利益进行论辩的程序。

---

① 乌尔里希·贝克：《风险社会》，何博闻译，译林出版社，2004，第27页。
② 参见 European Parliament & Council Regulation 178/2002。
③ 参见伏创宇《核能规制与行政法体系的变革》，北京大学出版社，2017，第243页。

### （三）风险规制的民主性保障

《核安全法》既为核安全的规制设定了基本框架，也为我国行政机关的监管设定了义务。动态的基本权利保护与风险预防的优化必然要求摆脱具体而僵硬的立法模式，这意味着行政机关在法律框架下具有较大的规制空间。开放的法律规范将科学技术的发展纳入规制标准，在保障个人生命、健康、财产与环境利益的同时，亦可兼顾经济发展、核能利用与能源战略等公共利益。风险调查（Risikoermittlung）属于一个开放的过程，作为一种风险管理（Risikomanagement），它要求在行政机关、专家、企业与公众之间建立新的沟通模式，并为此建立新的组织架构。①行政权的合法性控制成为核能规制等新兴规制领域应当重视的研究课题，从而能更好地设定行政的合法性约束模式，实现核能规制的优化、基本权利的保障以及不同价值的协调。

民众参与会受到知识传播、成本效益分析等因素的影响。风险沟通有可能在实践中被异化为规制机关或核设施营运单位对民众的单向度宣传与说服。由于民众与规制机关在专业知识掌握上具有不对称性，规制机关或核设施营运单位可以通过专家背书、媒体宣传甚至地方意见领袖的动员，营造当地民众支持的氛围。这使民众参与所依赖的知识与信息产生隐匿性、片面性，或者难以理解，由此淡化民众的风险感知，抑或导致他们基于自身的认知放大可承受风险的程度。如果说科技理性的分析建立在数据的基础上，那么大多数民众对风险的感知（perception of risk）则是凭直觉进行判断。②此外，为了消减核电站这类邻避设施产生的负面效果与环境影响，行政机关与核电设施营运者采用提供正向利益如就业机会、补偿款、交通便利以及回馈地方建设等，导致当地民众的

---

① Eberhard Schmidt-Aßmann, *Das allgemeine Verwaltungsrecht als Ordnungsidee: Grundlagen und Aufgaben der verwaltungsrechtlichen System Bildung*, Springer, 2004, S. 162.

② Paul Slovic, "Perception of Risk, "*Science, New Series* 236(1987): 280.

风险感知与利益计算混合在一起，以致民众的风险感知被"不真实"地减弱。

　　公众参与在核电站安全规制中具有评价功能、正当化功能、制衡与监督功能。首先是评价功能。以科学分析为基础的安全评估无法回答"怎样的安全算安全""何种程度的风险是可以接受的"等棘手问题，规制机关应当就此作出最终决定，而公众对决定风险的可接受性发挥着重要的影响。"规制机关与公众在很大程度上共同承担了规制决定作出的责任。"① 其次是正当化功能。公众的参与有助于提高规制决策的正当性，并昭示着核电站的安全决策应当向公众负责。最后是制衡与监督功能。在安全规制决定作出过程中，公众参与促使规制决策建立在对各种知识与意见进行全面考虑的基础上，能提高规制的公信力。②

①　Ellen J. Case, "The Public's Role in Scientific Risk Assessment, "*Georgetown International Environmental Law Review* 5(1993):495.

②　参见 Sheldon Leigh Jeter, "The Role of Risk Assessment, Risk Management, and Risk Communication in Environmental Law, "*South Carolina Environmental Law Journal* 4(1995):37。

# 第二章

## 核电站安全规制的组织构造

　　核电站安全规制的组织构造在规制体系中具有基础性与根本性的意义。日本国会组成的独立调查委员会针对福岛核电站事故的报告，在各种事故原因中特别强调了组织构造的重要性，指出"除非对监管机构进行根本性的改革，否则日本核能安全与公众安全将得不到保证"，并倡导"建立独立的核监管机构"。① 核电站安全规制的组织构造既包括相关政府部门之间的横向权力配置，也包括中央与地方规制机构的纵向权力配置，还涉及规制主体内部的组织构造，其中核电站安全规制主体在政府体系中的地位最为重要。

　　核电安全与核电促进属于不同的法定目标，履行相应职能的行政组织应当实现分离，从而建立相对独立的核电安全规制机构，避免安全保障优先的原则受到侵蚀。同时，核电安全规制涉及核物理学、化学、地理学、气象学、建筑学与材料学等不同学科的知识，具有高度专业性，我国核电安全规制机构的专业性与权威性应当加强。此外，我国核电行业由国有企业垄断，具有相当程度的封闭性，核电规制机构的设置还应当防止"规制俘获"。因而，核电规制机构的配置既要克服以牺牲核电

---

① 参见伍浩松、王海丹《福岛核事故独立调查委员会公布调查报告 福岛核事故被认定"明显是人祸"》，《国防科技工业》2012 年第 10 期。

安全利益为代价的部门保护与地方保护主义，又要保障核电安全规制的实效性。

从域外来看，核电规制机关的类型主要包括隶属于总统的独立机关型、隶属于部委的独立机关型、部委与独立行政机关合作型。① 与此相应，我国最主要的核电规制机关属于生态环境部下属的行政机构，是否满足核电规制组织的独立性与专业性要求，有待进一步检视。

# 第一节 隶属于总统的独立机关型

采取隶属于总统的独立机关型的有美国、韩国②与法国③等国家，所具有的共同特征包括：核电规制机关直接隶属于总统，采用委员会的组织形态，在人事上具有较强的独立性，规制决策采用合议制。相较于其他核电规制机关的类型，隶属于总统的独立机关型具有最强的独立性。

## 一 典型：美国的核能规制委员会

美国核能规制委员会（Nuclear Regulatory Commission，NRC）的前身是原子能委员会（Atomic Energy Commission，AEC），据 1946 年《原子能法》创设，由 5 名民间人士组成。1954 年，《原子能法》修改，

---

① 相关分类可参见林昱梅《核能管制机关之比较研究》，载陈春生主编《法之桥：台湾与法国之法学交会：彭惕业教授荣退论文集》，（台北）元照出版有限公司，2016，第429～465页。

② 参见朴均省《韩国核能安全管制体系》，朴栽亨译，载台湾地区能源法学会编《核能法体系（一）——核能安全管制与核子损害赔偿法制》，（台北）新学林出版股份有限公司，2014，第175～208页。

③ 参见 Jean-Marie Pontier《法国核能法制》，张惠东译，载台湾地区能源法学会编《核能法体系（一）——核能安全管制与核子损害赔偿法制》，（台北）新学林出版股份有限公司，2014，第59～96页。

首次允许核能的商业利用，原子能委员会被赋予核能规制与核能开发的双重职能。由于促进核能利用与保障核能安全两种职能之间存在冲突，这种组织结构安排招致严厉批评，原因在于"原子能委员会将自然倾向于鼓励核工业的平稳增长而淡化健康、环境与安全考虑的重要性"。[1] 在 20 世纪 60 年代，批评原子能委员会管制计划在辐射保护标准、反应炉安全、核电厂设置及环境保护等领域的标准不够严格的声浪越来越大。1974 年，由原子能委员会行使规制权的安排遭到美国国会强力批评，支持与反对核能者，均认为促进职能与监管职能须由不同机关承担。[2]

最终这种职能合一的安排在 1974 年颁布的《联邦能源重组法》（*Federal Energy Reorganization Act*）中得以废除，取而代之的是核能规制委员会与能源研究与开发局（Energy Research and Development Administration）两种履行不同职能的组织。前者自 1975 年 1 月开始运行，负责颁发核电站的许可证以及对核电站、核燃料进行规制，不再承担促进核能利用的职能，后者并入美国能源部（Department of Energy），旨在"提高能源使用的效能与可靠性，以便满足这一代人与后代的需要，并且要求增加能源研究活动以提高各种形式能源的效能与可靠性"。[3]

美国核能规制委员会负责对核电站与放射性材料民用的许可与规制，旨在为公众健康与安全的充分保护提供合理担保，提升公共防卫（common defense）与安全，保护环境，涉及行政许可与认证、核反应堆退役管理、核能研究、行政检查与执法、事故响应以及应急准备与响应

---

① 肯尼思・F. 沃伦：《政治体制中的行政法》（第三版），王丛虎等译，中国人民大学出版社，2005，第 610 页。

② 参见 AEC to NRC，美国核能规制委员会网站，http://www.nrc.gov/about-nrc/history.html，最后访问日期：2019 年 8 月 6 日。

③ 参见 Federal Energy Reorganization Act 1974。

等领域。其承担的规制职能包括五个方面：（1）立法职能，包括颁布有关规章与指南；（2）许可与认证职能，包括颁发选址许可、建造与运行许可、退役许可以及对核电站设计的认证等；（3）监督职能，包括检查、评估、调查与采取相关监管措施；（4）评估职能，即对获得许可的设施与活动的运营进行评估；（5）咨询支持功能，包括引导核能研究、主持听证并获得有关规制决定的独立意见。

核能规制委员会应当遵循良好规制（good regulation）的五大原则，旨在保持规制能力并提高其公信力，这些原则分别是：（1）独立原则（independence），即核能规制应当追求尽可能高的专业与伦理标准；（2）开放原则（openness），即核能规制属于公共事业，应当公开并坦诚地进行；（3）效率原则（efficiency），即核能监管要求具备最高的技术与管理能力；（4）明确原则（clarity），即监管规则应该是连贯的、合乎逻辑的和面向实践的；（5）可靠原则（reliability），即监管规则应当以源于研究与实践的最佳专业知识为基础。[1] 概言之，核能规制组织的独立性与专业性是保障良好规制的重要前提。

核能规制委员会的独立性包括人事上的独立性与决策上的独立性，体现在以下两个方面。（1）人事上的独立性。美国核能规制委员会由 5 名委员组成，由总统任命并经国会通过，其中设 1 名主席兼发言人，由总统指定。委员的任期为 5 年，且互相错开，每年 6 月 30 日有 1 名委员的任期届满，不得有超过 3 名委员（即不得有超过半数的委员）属于同一政党。委员不得受聘于企业或受雇于其他与委员会无关之职务，除非有"正当理由（不作为、违法或滥用职权的行为）"，否则不得被总统免职，也不得因政治理由被罢免。[2]（2）决策上的独立性。美国核能规制委员会的工作机制为合议制，包括主席在内的所有委员对委员会的决策

---

① 参见 Information Digest，2019 – 2020（NUREG – 1350，Volume 31）。
② 参见 Information Digest，2019 – 2020（NUREG – 1350，Volume 31）。

拥有同等权力与责任，对相关事项的讨论应当至少有 3 名委员出席，每名委员享有一票决定权，表决由出席委员的多数通过。核能规制委员会主席依法负责行政、组织、内部的职责分配、长期规划、预算及人事管理，主持委员会召开的会议（在缺席时由执行主席主持，执行主席由主席指定），在紧急情况下对委员会的所有职责事项拥有最终的决策权。其权力行使也受到一定的限制，如内部机构主要的人事任命应当经过委员会的批准。①

核能规制委员会下设运营总干事，具体执行委员会的政策与决定，并领导美国核能规制委员会所设的 4 个地区办公室。② 每一座核电站至少应当派驻 2 名驻站检查员，直接向相应的地区办公室报告。核能规制委员会在内部设立了多个业务部门，主要的 3 个业务办公室分别是核反应堆规制办公室、新反应堆办公室与核能规制研究办公室，其中核反应堆规制办公室负责所有现役反应堆（包括研究与测试堆）的许可与检查工作，新反应堆办公室负责新反应堆的监管工作，包括设计、选址、许可与建造等，核能规制研究办公室则为规制决定提供独立的专业与信息支持，对规制过程中的安全问题与资料进行收集、研究，并协助制定相关的技术规则与标准。③

这种合议制的规制组织自 1975 年起在美国施行 40 多年，但备受诟病。会议制的组织形式不能提供强有力的领导，在紧急情况下需要强有力的领导时尤其如此。由于核能规制委员会的委员平等分享决策权，其

① 参见 Organization & Functions，美国核能规制委员会网站，http：//www. nrc. gov/about-nrc/organization/commfuncdesc. html，最后访问日期：2019 年 8 月 5 日。
② 这 4 个地区办公室位于 4 个区，分别为：Ⅰ区，位于宾夕法尼亚州的普鲁士王市，负责监管东北各州；Ⅱ区，位于佐治亚州的亚特兰大市，负责监管东南部的多数州；Ⅲ区，位于伊利诺伊州的莱尔市，负责监管中西部地区；Ⅳ区，位于得克萨斯州的阿灵顿市，负责监管西部和中南部各州。
③ 核能规制委员会的规模一直在缩小，1986 年，雇员（全日制）人数为 3498 名，业务预算达 4.45 亿美元；1994 年，雇员人数减少到 3293 名，业务预算为 5.35 亿美元；2018 年，雇员人数减至 3186 名，业务预算为 9.37 亿美元；2019 年，雇员人数减至 3106 名，业务预算为 9.31 亿美元。参见 Information Digest，2019 - 2020（NUREG - 1350，Volume 31）。

中的任何一人都不可单独依法发布指令并阐明某个权威性的、果断的决定。这种决策方式在三里岛核电站事故后的反思中受到的批评较多，"委员们无法明确界定他们各自在核管制中的作用，也无法界定与运营总干事以及核能规制委员会主要负责人之间的关系"。[①] 当然，这种批评的建设性稍显不足，仍无法很好地解决行政效率与规制独立性之间的紧张关系。但"把核能规制委员会置于行政部门中总统的控制之下，必将破坏该委员会的独立地位"。卡特（Jimmy Carter）总统于 1980 年就否定了将核能规制委员会转移到行政部门并实行首长负责制的建议，并通过重组计划加强了核能规制委员会主席的权力，尤其是规定主席与运营总干事负责核能规制委员会的日程管理工作，以便使核能规制委员会能够拥有一个较强有力的领导层。

## 二　隶属于总统的独立机关型评价

除了实现核电利用促进职能与核电安全保障职能的分离，隶属于总统的独立机关型核电规制机关通过独立委员会合议来进行决策，且在地位上不同于一般的政府机关。相较于其他的规制组织类型，隶属于总统的独立机关型独立性最强。

其一，通过多元组成的委员会与合议制决策方式，保障核电站安全规制的独立性。

一方面，规制委员会享有人事上的独立性，委员由总统任命（美国），或总理（针对常任委员）与委员会主席（针对非常任委员）提名后由总统任命（韩国），或由总统与参议院院长、众议院院长共同任命（法国）。委员一般存在任期限制，有的为 5 年，有的为 3 年。此外，针

---

① 参见 *Three Mile Island：The Most Studied Nuclear Accident in History*，转引自肯尼思·F. 沃伦《政治体制中的行政法》（第三版），王丛虎等译，中国人民大学出版社，2005，第 618 ~ 619 页。

对委员是否属于政党成员也有规定，如美国规定属于同一政党的成员不得超过半数，韩国则干脆禁止委员为政党成员。委员履行职务受到保障，除非出现因长期身心障碍而无法执行职务、违反法定职责、利用职务获取不当利益等情形，否则不得被免职。

另一方面，规制委员会享有决策上的独立性。委员会采用合议制，委员在执行职务中不受不当指示与干涉。除合议制外，委员会的专业性也是决策独立的重要保障。委员会一般由核能、环境、科技、政治、法律等专业且熟悉核能安全的各领域人士组成。这种多元化的组成，不仅能够增强委员会的专业性，还可避免仅由核能专家担任委员带来的"规制俘获"。此外，规制委员会在专业问题上具有相应的组织支撑，如美国反应堆保障监督咨询委员会向规制委员会提供咨询意见，韩国核能安全与保障委员会（Nuclear Safety and Security Commission）下设置公法人韩国核能安全院（Korea Institute of Nuclear Safety，KINS）① 与韩国核能辐射防护及管制院（Korea Institute of Nuclear Nonproliferation and Control，KINAC）② 作为核能安全规制的技术支持机关，为规制决策提供咨询与审议。

在隶属于总统的独立机关型模式下，核安全规制机关的独立性也存在差别，有学者将美国的核能规制委员会与法国的核安全局（ASN）分别界定为"行政—专家相对分离模式"与"行政—专家融为一体模式"，后者在规制决定上更易受到总统的影响。③ 此种区分与一国宪法上的国家组织结构具有千丝万缕的联系，如法国总统对行政机关和立法机关的

---

① 韩国核能安全院是独立法人，院长由核能安全与保障委员会委员长任命，现有473名专家、72名行政人员，共有545名人员，其中226名博士、227名硕士。资料来源于 http://www.kins.re.kr/en/aboutkins/Organization.jsp，最后访问日期：2019年8月5日。
② 依照韩国《核能安全法》第6条的规定，韩国核能辐射防护及管制院为独立法人，董事会之选任须得核能安全与保障委员会批准。
③ 参见杨尚东《高科技风险决策过程的法律规制——以核电的开发应用为分析对象》，中国法制出版社，2022，第92～107页。

影响力更大。但就发展趋势而言，随着 2006 年法国议会通过《核能透明与安全法》，法国核安全规制机关的独立性增强。两种模式都采取合议制，意图保障人事与决策上的独立。

其二，提高核电安全规制机关的地位，旨在有效履行规制任务并应对核事故。考虑到核事故对公众生命和财产可能产生重大影响，迅速处理核事故便尤为重要。如韩国核电规制组织的改革，历经了从隶属于总理的部委到隶属于总统的合议制委员会的转变。日本发生福岛核电站事故前，韩国的核能管制机关是教育与科技部（Ministry of Education, Science & Technology，MEST），隶属于总理。在教育与科技部下，由核能安全委员会（Nuclear Safety Committee）履行核能安全管制职能。受日本福岛核电站事故的影响，为加强核能安全管制的独立性、公正性及专门性，核能管制安全机关自部委所属机关，变更为总统直辖的部级核能安全与保障委员会。教育与科技部仅负责核能政策的研究与核能开发利用，下属的核能安全委员会则扮演咨询机关角色。法国的核电站安全规制机关则通过 2006 年《核能透明与安全法》的制定，由经济、财务与产业局下属的核设施安全局（Nuclear Installation Safty Directorate）变更为隶属于总统的核能安全署（Nuclear Safety Authority）。[1]

然而，隶属于总统的独立机关型，从人事安排、工作机制与机构设置等方面来确保核能安全规制机关的独立性与专业性，仍然受到质疑。一则，规制委员会是合议制机关，对其追究行政责任比较困难。二则，在委员会架构下，决策比较缓慢，特别是在紧急情况下合议制决策拖延的问题凸显。[2] 合议制决策方式降低规制效率的问题，不容忽视。

---

① 参见程明修《我国核能安全管制法规体制与强化管制机关独立性之研究》，台湾地区"原子能委员会"委托研究计划研究报告，2013，第 10 页。

② 参见朴均省《韩国核能安全管制体系》，朴栽亨译，载台湾地区能源法学会编《核能法体系（一）——核能安全管制与核子损害赔偿法制》，（台北）新学林出版股份有限公司，2014，第 196 页。

# 第二节　隶属于部委的独立机关型

相较隶属于国家行政元首的独立机关，日本现行的核电规制机关是原子力规制委员会，在组织架构上仅隶属于政府的部委，行政级别较低，但同样采取合议制，并具有较强的独立性。因此，日本的原子力规制委员会可以归类为隶属于部委的独立机关型。

## 一　日本核电规制组织的沿革

日本于 1955 年制定《原子力基本法》，通过该法第 2 章设置原子能委员会，并在 1956 年制定专门的《原子能委员会设置法》规定了其职责。1978 年，日本修订《原子力基本法》将原子能委员会的"安全审查"职责分离出来，创设原子力安全委员会作为合议性咨询机关。原子力安全委员会由内阁总理任命的 5 名委员组成，制定国家核能安全的基本政策及指导原则，代表内阁总理对核能管制机关提出建议并进行监督，但不具体行使核能规制权。① 在日本福岛核电站事故前，日本的核能规制具有分散化的特征：经济产业省下设原子力安全保安院，负责核能许可以及核电站的安全规制，包括核电站的设计、建设、运转及停役阶段的安全规制，核燃料的再处理、加工、贮藏、运送，以及防灾、防灾训练、检查等事务；国土交通省负责核燃料物质运输方式的安全确认、核动力船舶许可与入港等相关业务；文部科学省下的科技局（Science and Technology Bureau）则负责管制试验研究反应炉、核物质利用、放射性同位素利用、辐射产生器利用与环境辐射监测及防护等。此种模式下，

---

① 参见田林《日本核能法制近况及其对中国的启示》，《日本问题研究》2017 年第 5 期。

原子力安全保安院置于经济产业省下，后者同时掌管核能促进与核能安全的双重职能，这使得核电安全规制的独立性较弱；原子力安全委员会仅为咨询机关，不享有实际规制权力；此外，规制权力不统一，如核反应堆由原子力安全保安院进行管制，放射线方面重要基准由文部科学省发布，难以保障核能规制的统一性。

日本在 2011 年福岛核电站事故后开始检讨核能规制机关的设置问题，改革的主要方向是实现"管制与利用的分离"以及"管制的一元化"。① 原先核电管理机构设置在以推动核能利用为任务的经济产业省之中，遭受安全与发展无法平衡的诟病。2012 年 6 月公布的《原子力规制委员会设置法》（*Act for Establishment of the Nuclear Regulation Authority*）废止过去负责核能规制的原子力安全保安院与原子力安全委员会，改由新设立的原子力规制委员会负责。依据该法第 1 条的规定，原子力规制委员会的设置理由为：鉴于平成 23 年（2011 年）3 月 11 日东北地方太平洋地震及原子力发电站的事故，为了消除一个行政机关兼具原子力利用推进与规制两方面职能的弊端，设立原子力规制委员会，其委员长及委员根据专业知识，秉持中立公正的立场独立行使职权，保护国民生命、健康及财产，保护环境及国家安全。② 可见，核电规制组织的变革旨在实现对其独立性与专业性的保障。③

日本原子力规制委员会系依据《国家行政组织法》第 3 条第 2 项在环境省的外局设立的独立行政委员会④，乃"不受上级指挥监督，独立

---

① 赖宇松：《日本核能安全管制之生成与演变》，《东吴法律学报》2013 年第 2 期。此次核能规制组织的变革目标包括"规制与利用的分离"、"核能安全规制业务一元化"、"危机管理体制整合"、"组织文化变革与人才培养"、"新安全规制的强化"、"透明性"与"国际性"。

② 参见《原子力规制委员会设置法》，日本众议院网站，http://www.shugiin.go.jp/internet/itdb_gian.nsf/html/gian/honbun/houan/g18001019.htm，最后访问日期：2020 年 9 月 1 日。

③ 《原子力规制委员会设置法》在成员构成上采用"委员长""委员"的表述，为尊重原文，本书在阐述时采用上述概念，而不使用委员会主席、委员会主任等称谓。

④ 日本中央行政机关组织在内阁以下设 1 府 11 省，各府、省由大臣官房担任首长，下设局（部），局下再设课或室。外局与局负责相同层级的业务，但管辖业务具有特殊性与专门性，所以被定性为具有相当独立程度的机关。参见赖宇松《日本核能安全管制之生成与演变》，《东吴法律学报》2013 年第 2 期。

行使权限的合议制机关"。所谓外局，是指依据《国家行政组织法》第 3 条设置，总领于内阁总理大臣或各省大臣下，不同于其他内部组织而具有一定独立性的组织。原子力规制委员会由 1 名委员长及 4 名委员组成，由内阁总理大臣任命并经国会同意，委员任期 5 年，可以连任，实行合议制。[①] 其统合了经济产业省、文部科学省与国土交通省的核能安全规制职责，旨在实现安全规制的"一元化"。若核反应炉由原子力安全保安院进行管制，放射线方面重要基准由文部科学省发布，事权不统一，难以一以贯之地进行核能规制。同时在过往体制下，经济产业省担负着促进核能发电的重要任务，[②] 其下属的原子力安全保安院负责核能利用安全的规制，此种制度设计导致"后者较难为具有独立性判断，其决定也连带产生影响安全规制之可能"[③]。

　　可见日本核能规制组织的变革，着眼于设置独立于其他行政机关或政治部门的委员会形态，以确保其掌握充分的人事及预算权，得以独立行使职权。[④] 日本仿效美国的核能规制委员会模式，又考虑到独立管制机关模式难以迅速整合政府力量，在应对大规模核事故上存在不足，因而没有采用独立于内阁的合议制委员会模式，而是将原子力规制委员会设置于内阁之下，以便提高决策效率和增强危机管理效果。

---

① 依照日本《国家行政组织法》（昭和二十三年法律第一百二十号）第 3 条第 2 项规定，国家行政机关、省、委员会或厅的设置与废止，依法律定之。所谓"三条委员会"，是指依《国家行政组织法》第 3 条组成的独立委员会，除了原子力规制委员会外，尚有中央劳动委员会（厚生劳动省外局）、公安审查委员会（法务省外局）、公害等调整委员会（总务省外局）、运输安全委员会（国土交通省外局）。资料来源于三条委员会等的整理，日本内阁官房网站，http：//www. cas. go. jp/jp/seisaku/jouhouwg/dai2/siryou1_3. pdf，最后访问日期：2019 年 8 月 11 日。

② 经济产业省虽有原子力安全保安院，但该省的外局自然资源与能源厅（Agency for Natural Resources and Energy）负责核能政策与技术开发、原子力研究机构的组织与营运、核物质及核燃料效率与供应的保障、核原料及燃料与核废料相关技术的开发、核废料产业的发展及核电建设的促进等事项。

③ 赖宇松：《日本核能安全管制之生成与演变》，《东吴法律学报》2013 年第 2 期。

④ 日本第 180 次国会参议院本会记录，第 16 号，2012 年，转引自赖宇松《日本核能安全管制之生成与演变》，《东吴法律学报》2013 年第 2 期。

## 二　日本核电规制组织的地位

原子力规制委员会作为独立委员会，在内阁之下，直接向内阁负责，不再如原子力安全委员会一样具有咨询机关的属性，被赋予充分的人事和预算权限，并承担相应的责任。原子力规制委员会下设原子力规制厅作为具体事务的处理机构，其工作人员受到"旋转门"条款的约束，不得调任至有关原子能开发利用的行政组织。原子力规制委员会的委员长及委员，由内阁总理大臣从品格良好且拥有核能安全知识、经验与具有高度见识的人士中遴选，经国会同意后任命。委员长的专业知识要求被特别强调，这是因为"合议制在危机情况下无法发挥功能，届时仍须由主任委员担负全责，所以若主任委员非为核子反应器之专家，其能否作成综合性之判断，恐有疑虑"。① 原子力规制委员会的独立性通过人事权、决策权与预算权得以体现。

首先是人事权。按照《原子力规制委员会设置法》第 7 条第 7 款第 3 项的规定，原子力规制委员会委员不得由原子能制炼、加工、贮藏、核废料再处理、原子炉设置、核原料或核燃料物质的经营者或法人的成员担任。委员任内的政治活动、获得报酬的职务、具有商业目的的业务行为均受到限制，委员接受核电企业捐赠的相关信息应予公开，并须遵守内部规定的限制。根据《原子力规制委员会委员长及委员的行动伦理规范》，委员长及委员被禁止于任职期间接受任何由核电站营运者提供的捐赠，且就任前 3 年所受捐赠及推荐学生在核能产业中就业的状况应向社会公布。

为确保原子力规制委员会不受履行促进核能利用职能机关的影响，

---

① 日本第 180 次国会参议院本会记录，第 16 号，2012 年，转引自赖宇松《日本核能安全管制之生成与演变》，《东吴法律学报》2013 年第 2 期。

《原子力规制委员会设置法》附则（Supplementary Provisions）第 6 条第 2 款设定了"禁止转任规则"（No Return Rule），从经济产业省或原子力安全保安院调任至原子力规制委员会的高级官员，不允许回任原任职机关工作，至少 7 名资深官员受此限制。[①] 这有利于进一步促进实现核能利用职能与安全保障职能的分离。禁止转任规则亦存在例外，如果该法实施 5 年后，工作人员不能胜任或不适合原子力规制委员会、原子力规制厅的工作，可不适用禁止转任规则。该规定冀望消除国民对核能安全规制的不信任，并有计划地建设追求中立与公正的专业人才队伍。

其次是决策权。原子力规制委员会是合议制机关，委员长及委员均独立地行使职权，除有紧急情况得由委员长单独决定外，须通过合议方式作出决定。为了确保核能安全，原子力规制委员会对相关行政机关的首长具有劝告权。

最后是预算权。根据日本政府 2012 年提供的草案，原子力规制厅编列预算金额约为 504 亿日元，其中 414 亿日元从能源对策特别预算中支出。为确保以核能安全为目的的财政措施明文化，政府明确在能源对策特别预算下增设核能安全规制对策科目，这得到立法的承认。[②]

## 三　隶属于部委的独立机关型评价

日本核电站规制的组织变革处于持续的演变过程中，但真正实现核电促进职能与核电安全保障职能互相分离，同时由核能规制职能的分散走向一元化，构建独立并采取合议制的委员会形态，在福岛核电站事故发生后才初见端倪。

其一，日本核能规制组织形态的变革，具有特定的时代背景。从部

---

① 参见林昱梅《核能管制机关之比较研究》，载陈春生主编《法之桥：台湾与法国之法学交会：彭惕业教授荣退论文集》，（台北）元照出版有限公司，2016，第 457 页。
② 赖宇松：《日本核能安全管制之生成与演变》，《东吴法律学报》2013 年第 2 期。

委所属的行政机构转变为部委所属的独立委员会，是基于福岛核电站事故反思的结果。核能规制组织改革的相关立法材料对此有所说明，改革后的原子力规制委员会具有较强的独立性，被赋予较为充分的人事与预算权限，不仅与核电站营运单位之间保持相当距离，还在职权行使上不受其他行政机关或政治部门的指令。这有助于核电站安全规制目标的实现。此种组织形态的变革，也是立法当时执政党（民主党）与在野党（自民党与公明党）协商的结果。①

其二，日本原子力规制委员会作为合议制委员会的设立，具有法律制度支撑。第二次世界大战后，日本按照美国占领军队颁布的政策，设置了许多以委员会为名称的合议制机关，这些委员会（如劳动委员会、农地委员会）能独立作出决定，此种实践后来通过《国家行政组织法》予以制度化。该法第 3 条之"省是在内阁统辖之下，处理行政事务的机关。委员会和厅作为外局设于省之下"，为在日本环境省下设置原子力规制委员会提供了法律依据。

其三，日本原子力规制委员会设置于环境省之下，是价值权衡的结果。由过去作为咨询单位的原子力安全委员会，向独立行使职权的原子力规制委员会转变，是核电规制组织独立性与责任性增强的具体体现。但独立性增强是把双刃剑，其弊端体现在可能降低核能规制决策的效率以及削弱处理核事故的效果。与隶属于总统的独立机关型不同，日本的核电规制组织仅为隶属于内阁的部委，旨在提高决策的效率，并加强危机管理的效果。如果原子力规制委员会独立于内阁，面对大规模核电站事故时会产生难以整合政府力量的问题。

其四，日本原子力规制委员会具有较强独立性。② 这种独立性体现在委员会的组织形式、委员的职务保障、决定的合议制以及条例制定权

---

① 参见赖宇松《日本核能安全管制之生成与演变》，《东吴法律学报》2013 年第 2 期。

② 参见《原子力规制委员会设置法》，日本众议院网站，http://www.shugiin.go.jp/internet/it-db_gian.nsf/html/gian/honbun/houan/g18001019.htm，最后访问日期：2020 年 9 月 1 日。

上。针对独立性增强带来决策效率降低的问题，《原子力规制委员会设置法》赋予委员会主席在紧急情况下的临时决定权。此外，立法一方面强调原子力规制委员会的独立性，另一方面建立相应的制衡机制，主要体现在：（1）原子力规制委员会应当每年通过内阁总理向国会报告工作；（2）原子力规制委员会应当遵循透明原则，保障公众的知情权；（3）如果委员因身体或心理障碍不能履行职责、在履职过程中违反义务或者作出与委员身份不相称的行为，日本内阁总理有权解除委员（还有委员长）的职务，解除职务须事先听取原子力规制委员会的意见，并经国会两院同意；（4）委员违反法定的纪律或义务，会受到罚款甚至是刑事处罚制裁。由此可见，在保障核能规制组织独立性的同时，相应的约束与责任机制也很重要。

## 第三节　部委与独立行政机关合作型

从世界范围来看，并非所有的核能安全规制机关均实行合议制，同时具有很强的独立性。如德国与芬兰①的核能规制职能由部委与部委所属的独立行政机关共同承担，独立行政机关隶属于部委，仅具有政府第

---

① 依照芬兰《核能法》（Nuclear Energy Act 11. 12. 1987/990）的规定，核电站的设立及运转许可由内阁（Government）作出原则性决定（decision-in-principle）。作出原则性决定前，应先由隶属于社会事务和卫生部的辐射与核安全局（Radiation and Nuclear Safety Authority）进行初步安全评估，环保部和核设施所在的市政委员会提供评估报告，内阁应当确保核电站的设立符合法定的安全要求并进行成本效益考虑。国会得发表意见，并有权推翻内阁作出的有关核电站设立的原则性决定。核设施的建造、运营与退役许可最终由内阁作出。可见，芬兰的核电站安全规制机构不仅级别较低，且独立性有限。其独立性的局限性更多地通过其他程序来弥补，一则辐射与核安全局的初步安全评估报告对内阁的许可决定具有拘束力，二则内阁的许可决定受到议会监督，三则信息公开与类型化的听证程序对许可决定的作出形成较为严格的约束。Nuclear Energy Act( 990/1987; amendments up to 862/2018 included), https://finlex.fi/en/laki/kaannokset/1987/en19870990. pdf，最后访问日期：2020 年12 月22 日。

三级机关的地位，独立性相对较弱，这种类型可称为部委与独立行政机关合作型。我国核电规制由生态环境部、国务院能源主管部门、核工业主管部门承担，生态环境部下属的国家核安全局基于法律授权独立行使规制权力，也可归入这种类型。

## 一　典型：德国联邦环境部与联邦辐射防护局

德国的核能规制属于联邦管辖事项，主管机关是德国联邦环境部，全称为"联邦环境、自然保护、核能安全与消费者保护部"（Das Bundesministerium für Umwelt, Naturschutz, nukleare Sicherheit und Verbraucherschutz, BMUV）。[1] 该部设联邦环境部长，下设 9 个部门，其中包括核安全与辐射防护司（Abteilung S, Nukleare Sicherheit und Strahlenschutz），并设立核反应堆安全委员会（RSK）、核废物处置委员会（ESK）、辐射防护委员会（SSK）与核技术委员会（KTA）等专门咨询机构。[2] 核安全与辐射防护司作为环境部的内设机构，主管核技术安全、辐射保护及核废料处理，主要职责在于防止核能利用的危害及风险，以及辐射产生的有害影响。核安全与辐射防护司下设三个分支部门：S I 处负责管理核设施安全，特别是核电站的规制；S II 处负责管理辐射防护；S III 处负责管理辐射废弃物处理及核电站的退役。[3] 德国实行核能安全规

---

[1] 德国联邦环境部原为"联邦环境、自然保护与核能安全部"（Umwelt, Naturschutz und nukleare Sicherheit），于 2021 年 12 月 8 日经联邦总理颁布组织法令，更改为现名，下设 4 个联邦机构：联邦环境局、联邦自然保护局、联邦辐射防护局和联邦核废料管理安全局。此外，该部还下设若干独立的专家委员会，通过报告和意见的形式向其提供专业咨询与建议。

[2] 参见德国联邦辐射防护局网站，https://www.bfs.de/DE/home/home_node.html，最后访问日期：2020 年 2 月 8 日。核反应堆安全委员会成立于 1958 年，辐射防护委员会成立于 1974 年，核废物处置委员会成立于 2008 年。委员会必须保证独立，能够反映不同的科学与技术观点。其成员应满足特定的资格要求，由德国联邦环境部聘任。专业委员会的主要工作是针对重要问题与最新科技的利用，以通俗易懂的方式提供咨询报告与建议，并向社会公开。

[3] 参见德国联邦环境部网站，https://www.bmu.de/ministerium/aufgaben-und-struktur/organigramm/，最后访问日期：2019 年 8 月 12 日。

制职能与核能利用促进职能相分离，核能研究与开发管理职责由联邦教育与研究部（Bundesministerium für Bildung und Forschung）承担。①

依据 1989 年《联邦辐射防护局设置法》（Gesetz über die Errichtung eines Bundesamtes für Strahlenschutz，BAStrlSchG）第 1 条，德国在联邦环境部之下，建立联邦辐射防护局（Bundesamt für Strahlenschutz，BfS）作为独立的联邦机关（Selbständige Bundesoberbehörde），旨在保护人类和环境的安全，使其免于电离辐射（如核电站辐射、医学辐射）和非电离辐射（如移动通信辐射）的损害。根据《联邦辐射防护局设置法》第 2 条，联邦辐射防护局的具体职责包括辐射防护、在辐射防护领域为联邦环境部提供支持（如参与立法与行政规则制定、协助联邦监管）、进行相关科学研究、执行委托任务、协助其他主管机关应对放射性材料带来的危险（包括调查、分析与采取防护措施）、解答公众提问。2018 年修订前的德国《核能法》第 23 条则明确赋予联邦辐射防护局针对核燃料储存、运输实施行政许可等权力。

联邦辐射防护局的设立是 1986 年苏联切尔诺贝利核电站事故引发的结果，其目的是统合辐射防护、核安全保障、核燃料的运输和储存、放射性废物处置等业务的监管能力。联邦辐射防护局下设办公室、应急保护处、环境辐射防护处、电离和非电离辐射的影响和风险处、医疗和职业辐射防护处、数字化与组织管理处共 6 个部门，在 7 个城市拥有 500 多名工作人员。联邦辐射防护局名义上是独立的联邦机关，但其独立性受到各种限制。②

---

① 德国联邦政府于 2002 年与核电公司达成核电站关闭的协议，同年 4 月通过修改核能法予以确认。与此相应，有关放射性废物处理的基础研究与开发责任，转移至联邦经济与科技部管辖。

② Werner Bischof, Erläuterungen zum Gesetz über die Errichtung eines Bundesamtes für Strahlenschutz, Beck-online 德文法律数据库，https://beck-online. beck. de/Search? pagenr = 1&details = on&Words = Erl% C3% A4uterungen + zum + Gesetz + % C3% BCber + die + Errichtung + eines + Bundesamtes + f% C3% BCr + Strahlenschutz% 2C&chkdoktyp = on&TxtAuthor = Werner + Bischof% 2C，最后访问日期：2022 年 2 月 21 日。

（1）重要的人事与组织决定，并非由联邦辐射防护局而是由联邦环境部作出。联邦辐射防护局的领导人选，应经过联邦环境部批准。除人事问题外，所有组织方面的重要措施，包括内部机构的设立、变更或裁撤，均需要联邦环境部同意。此外，联邦环境部还决定联邦辐射防护局的预算编制，并通过内部组织设置许可与业务指示的方式，限制联邦辐射防护局的活动。

（2）职责履行上受到联邦环境部的领导与监督。联邦辐射防护局隶属于联邦环境部，在其业务范围内接受联邦环境部的监督与指令（Weisungen），受到合法性与合目的性的双重审查。除了立法规定的职责，联邦辐射防护局还执行联邦环境部安排的任务，或者在经联邦环境部同意，执行其他部委委托的属于联邦环境部职责以外任务时，接受委托联邦行政机关的专业指令（fachlichen Weisungen）。联邦辐射防护局虽未被赋予法人人格，但依照《联邦辐射防护局设置法》能作为法律主体对外作出决定。

由上可见，虽然联邦辐射防护局能基于法律授权针对核燃料贮存、运输授予许可，但享有的规制权力有限，局限于辐射防护职能，独立性较弱，主要还是协助联邦环境部（核安全与辐射防护司）履行对核电站的安全规制职责，包括提供专业意见、参与法规制定、展开科学技术研究等。

## 二　部委与独立行政机关合作型评价

部委与独立行政机关合作型不实行独立委员会的合议制，在国家行政体系中地位较低，只是在决定权上享有一定的独立性。其也不拥有行政立法权，如德国的联邦辐射防护局只是为联邦环境部的立法提供专业建议与支持。

其一，德国的联邦辐射防护局作为独立行政机构具有宪法上的依据。德国《基本法》第 87 条第 3 款规定："凡联邦具有立法权的事务，可依联邦立法设立独立的联邦高级行政机关（selbständige Bundesoberbehörden）、新的联邦公法团体与机构。对于联邦新增的立法权限领域，如有迫切需要，经联邦参议院及联邦议会过半数同意，可设立联邦中级机关与下级机关。"① 根据该法第 73 条第 1 款第 14 项，"基于和平目的之核能生产与利用，核设施的设立与运营，因核能释放、电离辐射以及放射性物质处理产生的危险防护"，属于联邦的专属立法权。针对此设立的联邦辐射防护局便具有正当性。

其二，与美国隶属于总统的独立机关型机关、日本隶属于部委的独立机关型机关不同，德国核能规制机关几乎不具有独立性。一是核电站由联邦环境部及其所属的联邦辐射防护局共同规制，二是联邦辐射防护局虽依法设立，但在人事安排、组织设置、预算制定与业务执行各个方面，受制于联邦环境部，同时接受其专业监督与职务监督（Fach-und Dienstaufsicht）。所谓的独立性，仅指联邦辐射防护局在履行法律所赋予的任务时，属于德国《行政程序法》第 1 条第 4 款"履行公共行政任务"的机关，具有行政主体的资格，能以自己的名义作出行政决定并独立承担法律责任。可见，该种独立机关既不具有委员会的组织形式，也不实行合议制，在组织、人事、财务、行政决定各方面缺乏足够的独立性。

其三，德国的议会内阁制不构成建立独立委员会的障碍。同样以《基本法》第 87 条第 3 款有关独立行政机关的规定为基础，相比联邦辐射防护局而言，具有较强独立性的机关并不少见。典型的如联邦卡特尔署，联邦电力、燃气、电信、邮政与铁路管制署（以下简称"联邦路网管制署"），② 分别依据《防止不正当竞争法》（GWB）与《电信法》

① 德国中级机关指区域政府（Bezirkeregierung），下级机关指县市（Kreis）、办事处（Ämter）与乡镇（Gemeinde）等。
② "联邦卡特尔署"与"联邦电力、燃气、电信、邮政与铁路管制署"的全名分别为"Bundeskartellamt"与"Bundesnetzagentur für Elektrizität, Gas, Telekommunikation, Post und Eisenbahnen"(BNetzA)，参见德国联邦经济与技术部网站，https://www.bmwi.de/Redaktion/DE/Artikel/Ministerium/Geschaeftsbereich/bundesnetzagentur-bnetza.html，最后访问日期：2021 年 2 月 21 日。

（TKG）设立，隶属于联邦经济与气候保护部。联邦卡特尔署与联邦路网管制署的重要决定都采取合议制，由内设的合议庭（Beschlussabtei-lungen 或者 Beschlusskammern）作出决定。在履行法律赋予的职责的情形下，依据《防止不正当竞争法》第 52 条与《电信法》第 193 条，所属部委仅可发布一般指令（allgemeine Weisungen）展开监督，并且应当刊登于联邦公报，而不能通过个别指令进行干预。此外，联邦路网管制署还享有一定的人事独立性，署长人选根据《路网管制署组织法》[①]，经联邦参议院和众议院各 16 名代表组成的咨询委员会提出建议，由联邦政府任命。由上可见，在德国的宪法体制下，隶属于部委的合议制委员会仍然具有成立的正当性基础。遗憾的是，在核能规制领域，这一独立委员会模式并未得到采用。

## 第四节　我国核电站安全规制组织的现状与变革

域外核电站安全规制的组织呈现出委员会与一般行政机关两种不同形态。采用委员会形式的既有如美国直属于总统的核能规制委员会，也有如日本在环境省下设立的原子力规制委员会。德国则在联邦环境部下设立核电站安全规制的行政机构。我国在国务院下采取三级行政机构的形式，是否有必要采用独立的委员会组织形态有待进一步澄清。

## 一　我国核电站安全规制组织的现状分析

依据《核安全法》第 6 条，国务院核安全监督管理部门负责核安全

---

① 参见 Gesetz über die Bundesnetzagentur für Elektrizität, Gas, Telekommunikation, Post und Eisen-bahne，德国联邦司法部网站，https://www.bmj.de/DE/Service/Impressum/impressum_node.html，最后访问日期：2022 年 11 月 3 日。

的监督管理，而国务院核工业主管部门、能源主管部门和其他有关部门在各自职责范围内负责有关的核安全管理工作。按照目前的国务院职责分工，国务院核安全监督管理部门包括民用核安全监督管理部门和军工核安全监督管理部门，分别为国家核安全局和国家国防科技工业局（以下简称"国家国防科工局"）。核电站属于核能的民事利用，其安全监督管理部门是国家核安全局，但在安全规制上并不排除其他部门在各自职责范围内的核安全管理工作，特别是国家国防科工局对核材料管理、场外核事故应急处理等民用核电事项也享有规制权力。可见，我国核电站安全规制形成了生态环境部下属国家核安全局、国家发展和改革委员会（以下简称"国家发展改革委"）下属国家能源局、工业和信息化部下属国家国防科工局为主要职能部门的多元管理格局。

我国在生态环境部下设国家核安全局，由生态环境部副部长担任局长。国家核安全局成立于 1984 年 10 月，履行民用核设施安全监管职能，当时由国家科委代管，国家科委副主任为局长，保留人事、外事、财务及行政管理权。1998 年，国家核安全局并入国家环境保护总局，设立核安全与辐射环境管理司（国家核安全局），负责核能、辐射安全及辐射环境管理。2008 年 3 月，国家环境保护总局升格为环境保护部。我国核设施的核安全监督管理由国家核安全局负责，国家核安全局由局机关、6 个地区监督站以及技术支持单位组成，目前局机关监管人员约 100 人，地区监督站和技术支持单位人员共计约 1000 人。国家核安全局内设核设施安全监管司、核电安全监管司与辐射源安全监管司，与核电站安全规制相关的职责主要包括：核设施安全、辐射安全及辐射环境保护工作；核与辐射应急响应和调查处理以及参与核与辐射恐怖事件的防范与处置工作；反应堆操纵人员、核设备特种工艺人员等人员资质管理；组织开展辐射环境监测和核设施、重点辐射源的监督性监测；核与辐射安全方面国际公约的国内履约；指导核与辐射安全监督站相关业务工作。[①]

其中核电安全监管司设立核电一处、核电二处与核电三处，分别负责不同区域的核电厂、核热电厂、核供热供汽装置于选址、建造、运行阶段的核安全、辐射安全和环境保护的行政许可和监督检查。国家核安全局依据地域设有华北、华东、华南、西南、西北与东北 6 个核与辐射安全监督站，性质上为生态环境部直属参公管理的事业单位，作为派出机构根据法律、法规授权和生态环境部的委托行使安全监督职责。[②]

与国家核安全局不同，国家能源局侧重核电发展职能，拟订核电发展规划、计划和政策并组织实施。国家能源局根据第十二届全国人民代表大会第一次会议批准的《国务院机构改革和职能转变方案》和《国务院关于部委管理的国家局设置的通知》（国发〔2013〕15 号）设立，为国家发展改革委管理的国家局。其在核电管理方面的职能包括拟订核电发展规划、准入条件、技术标准并组织实施，提出核电布局和重大项目审核意见，组织协调和指导核电科研工作，组织核电厂的核事故应急管理工作。[③] 在行政级别上，国家能源局为副部级，显然高于国家核安全局。

国家国防科工局是由工业和信息化部管理的国家局，同时以中国国家原子能机构（CAEA）的名义组织协调政府和国际组织间原子能方面的交流与合作。其前身是 1998 年成立的国防科学技术工业委员会，根据 2008 年 3 月 15 日通过的《关于国务院机构改革方案的决定》，不再保留国防科学技术工业委员会的机构设置，将其除核电管理以外的职责都纳入新成立的工业和信息化部，同时成立国家国防科工局。国家国防科工

---

① 参见国家核安全局主要职责，国家核安全局网站，http://nnsa.mee.gov.cn/zjjg/jgzn/，最后访问日期：2020 年 2 月 5 日。

② 参见国家核安全局网站，http://nnsa.mee.gov.cn/zjjg/pcjg/，最后访问日期：2020 年 2 月 5 日。

③ 参见国家能源局网站，http://www.nea.gov.cn/gjnyj/index.htm，最后访问日期：2020 年 2 月 5 日。

局的主要职责包括拟定核工业生产和技术的政策、发展规划、行业标准，负责核电管理以外的和平利用核能相关项目的论证、审批、监督并协调项目的实施，负责核安保与核材料管制，负责核进出口审查和管理，负责核设施退役及放射性废物管理，等等。①

由上可见，我国对核电站的安全规制涉及国务院核安全监督管理部门（国家核安全局）、核工业主管部门（国家国防科工局）、能源主管部门（国家能源局）、公安部门（涉及核设施的安全保卫、核事故应急等）、卫生主管部门（涉及职业健康等）、交通运输部门（涉及放射性物品的运输安全等）、安全生产部门（涉及核电站中的特种设备安全监管等）。② 这种核电站安全的规制体制尚存在职责分配不清晰、规制的独立性与专业性皆缺乏足够保障的局限。

其一，需要明晰不同监管主体的职责。综观《核安全法》，国务院核安全监督管理部门的职责包括实施核设施安全许可（第22条，针对核设施选址、建造、运行、退役与进口等活动）、放射性废物管理许可（第43条）、放射性废物处置设施关闭许可（第47条）、核材料与放射性废物运输包装容器许可（第51条）。国务院核工业主管部门的职责包括负责编制放射性废物处置场所的选址规划（第42条）、协调乏燃料运输管理活动（第51条）、开展国家核事故应急协调委员会日常工作（第55条）、发布核事故应急信息（第60条）、对非法持有核材料进行行政处罚（第85条）等。国务院能源主管部门则与前两者共同承担核安全文化培育（第9条）、核设施退役与放射性废物处置费用预提办法制定（第48条）与核事故应急预案审查（第55条）等职责。

由此可见，核安全监管过程中可能出现职责重叠、模糊或者监管空白的情形。《核安全法》第6条明确由国务院核安全监督管理部门负责

① 参见国家原子能机构网站，http://www.caea.gov.cn/n6758879/index.html，最后访问日期：2020年2月5日。
② 参见陆浩主编《中华人民共和国核安全法解读》，中国法制出版社，2018，第35~38页。

核安全的监督管理，其通过哪些方式对核安全工作进行统筹协调，促使该协调机制法治化，便是《核安全法》实施的重要课题之一。同时该法在第6、7、8、10、42、47、70、77、89条等条款中出现"国务院有关部门"等概念，所指为何，与其他部门如何共同行使核安全监管权力，有待澄清。

其二，核电站安全规制机关的组织独立性不足。独立监管是核电站安全领域的通行做法，也是我国已加入的《核安全公约》之基本要求。《核安全公约》第8条规定："（1）每一缔约方应建立或指定一个监管机构，委托其实施第7条所述的立法和监督管理框架，并给予履行其规定责任所需的适当权力、职能以及财政与人力资源；（2）每一缔约方应采取适当步骤确保将监管机构的职能与参与促进或利用核能的任何其他机构或组织的职能有效地分开。"尽管我国核安全监督管理部门与能源主管部门的分别设置，某种程度上实现了监管职能与促进职能的分离，但还不够有效与彻底。该两部门分别隶属于生态环境部与国家发展改革委，由于国家发展改革委在行政实践中享有较为特殊的地位，两部门在地位上并不呈现完全对等状态，这也与核能安全保障优先于核能利用发展的基本定位不符。此外，国家核安全局隶属于生态环境部，不具有行政法人资格，在规制组织的级别上较低，是否能有效排除政治干预与行政干预，难免令人产生怀疑。

其三，核电站安全规制机关的功能独立缺乏足够的保障。核电站安全规制应当基于科学技术知识与相关经验作出决策，并能清楚地解释与说明决策背后的理由，保障规制决定的透明性、一致性与可预期性。因此，规制机关的独立不应拘泥于政治上与组织上的独立，还应当重视功能上的独立。这需要进一步检视我国核电站安全规制的专业性、透明性与一致性。专业性涉及核安全规制组织的成员构成与专业技术支撑。行政机关应当在风险调查与风险评估的基础上，全面考虑不同的科学观点与技术意见，进行谨慎的决策，就此而言，技术评价结论与专家咨询意见旨在促进行政决定的科学性与专业性。基于《核安全法》的规定，无论是技术支持单位为安全技术审查出具的技术评价结论，还是核安全专家委员会为核安全决策提供的咨询意见，都只是行政决定作出的重要参考。对于如何选择委托的技术支持单位，核安全专家委员会应当如何组成，行政决定如何采纳专家意见，应当出台相应的细则。透明性涉及我国核电站安全规制的议事方式以及信息公开的保障。一致性则涉及我国核电站安全规制组织是否具有必要的权力，如立法权与规范性文件制定权。我国核安全局虽有权以自己的名义作出行政决定，但作为国务院部委的内设机构缺乏规章制定权，且由于其须遵循宪法规定的行政首长负责制，实行合议制缺乏法定根据，其规制的透明性、一致性都未得到足够的保障。

## 二　我国核电站安全规制组织形态的完善

机关独立性的特征，依法国蓬捷（Pontier）教授之见解，表现在成员不可连任或终身制、禁止兼任、行政与财政自治、部长对独立机关不具有上下级的指挥权与监督权方面。[①] 科技创新与专业化、强调参与的新治理模式、国际竞争与全球化以及政治民主化是孕育独立行政机关的主要环境条件与因素。[②] 域外核电规制机关采用独立委员会形态的背景与因素不尽相同，大致包括以下三个方面。

（1）规制的专业化。核电规制的极强专业性是设定独立规制组织的重要缘由之一。"为了军事或经济目的研发或使用核能，若有决策不当或疏失，也会对人民酿成无法弥补的伤害。在此类科技与专业领域内，

---

① 参见 Jean-Marie Pontier《独立行政机关》，张惠东译，《东吴公法论丛》总第 3 期，2010，第 240 页。

② 参见陈淳文《从法国法论独立行政机关的设置缘由与组成争议：兼评"司法院"释字第 613 号解释》，《台大法学论丛》2009 年第 2 期。

传统行政机关一方面可能专业性不足，不能胜任此类行政任务；另一方面也由于传统行政机关必须臣服于执政者的意志，其专业意见也常常会因政治理由而牺牲。从而，建置独立于政府之外的独立行政机关，遂成为最能接受的途径。"① 这也成为法国设置核能安全署、国家监听审查委员会等独立行政机关的缘由。

（2）规制的独立性。核电安全的保障职能应当区隔于核电利用与发展的促进职能，这要求核电安全的规制组织具有一定的独立性。日本在福岛核电站事故后，将原子力规制委员会界定为《国家行政组织法》第3条的"委员会"，依据国会的立法记录，理由在于：在以往的核能管制架构下，负责核能发电营运之经济产业省与负责核能安全管制之原子力安全保安院并未切割，因此管制单位判断与决策之独立性无法确保，以致安全管制之效果不彰。因此，其乃决议设置为独立于其他行政机关或政治部门之委员会形态，以确保其掌握充分的人事及预算权，得以独立行使职权。②

（3）监管效率的考量。核能规制机关的建构还应当考虑监管的效率，如韩国提高核能规制机关的地位，是考虑到核能事故对公众的生命和财产可能产生重大的影响，有利于迅速应对与处理核能事故。③ "惟承认独立机关之存在，其主要目的仅在法律规定范围内，排除上级机关在层级式行政体制下所为对具体个案决定之指挥与监督，使独立机关有更多不受政治干扰，依专业自主决定之空间。"④ 此种独立机关如何设置，应当考察一国权力体制，如美国实行总统制，采用隶属于总统的独立机关

① 陈淳文：《从法国法论独立行政机关的设置缘由与组成争议：兼评"司法院"释字第613号解释》，《台大法学论丛》2009年第2期。
② 日本第180次国会参议院本会记录，第16号，2012年，转引自赖宇松《日本核能安全管制之生成与演变》，《东吴法律学报》2013年第2期。
③ 参见朴均省《韩国核能安全管制体系》，朴栽亨译，载台湾地区能源法学会编《核能法体系（一）——核能安全管制与核子损害赔偿法制》，（台北）新学林出版股份有限公司，2014，第196页。
④ 中国台湾地区"司法院"释字第613号解释。

型，日本则是议会内阁制，由国会任命的内阁总理大臣统领所有行政机关，因而没有采用独立于内阁的委员会形态，而是将原子力规制委员会设置于内阁之下，以便面对大规模核事故时能迅速整合政府各方面力量。

规制机关采取多元组成与合议制，规制效率不可避免会受到影响。除了提高独立规制机关的层级，改善核能规制机关的议事方式亦是提高监管效率的重要途径。如日本在紧急状况下实行首长负责制，当首相根据《原子力灾害对策特别措施法》发布"原子力紧急事态宣言"后，由原子力规制委员会委员长单独作出决定，而不再诉诸合议制。[1] 如果发生大量辐射外泄等核事故，日本还会紧急组成临时的原子力灾害对策本部，且由原子力规制委员会承担"中央与地方间之联系、信息搜集与回复、就业者之活动监督、为近居民设想避难判断"等工作。

从域外核电站安全监管组织的基本形态来看，基于规制背景、历史、宪法架构与行政组织结构等因素，各国核电站安全规制的组织呈现出或多或少的差异。但差异性的背后蕴含着几乎相同的设置理念与价值追求，那便是核电站安全规制组织的独立性与专业性，其中专业性也可归入功能独立性的范畴。因而独立性包括政治独立性、组织独立性与功能独立性，政治独立性是指核安全规制职能与核发展促进职能分离，进而避免受到政治的不当干预，组织独立性是指核电站安全规制的层级、结构、财务与人事独立，功能独立性是指规范制定权、专业能力与透明度等规制能力的强化。[2] 我国核电站安全规制的体制应当加强安全规制职能与发展促进职能的有效分离，在我国宪法框架下设置独立的核能规制组织，提高我国核能安全规制组织的层级，保障我国核能安全规制组织的功能独立性。

① 参见程明修《我国核能安全管制法规体制与强化管制机关独立性之研究》，台湾地区"原子能委员会"委托研究计划研究报告，2013，第22页。
② 参见程明修、林昱梅、张惠东、高仁川《检讨核安管制基本法制与建立原子能损害赔偿制度之研究》，台湾地区"原子能委员会"委托研究计划研究报告，2013，第35~36页。

其一，应当加强核安全规制职能与核发展促进职能的有效分离。从域外来看，美国、法国、韩国与日本都采用独立委员会制度，强调核电站的安全规制职能与发展促进职能有所区隔。

美国分离既有基于"核能产业的关注和反核情绪的增长"，建立独立机构的想法得到了更广泛的支持的原因，也是政府回应1973~1974年阿拉伯石油禁运和能源危机的举措之一，以便加快核电站许可证的发放。日本分离的原因则源于对2011年"3·11福岛核电站事故"的反思，在既往体制下，担负促进核能发电职能的中央行政部门为经济产业省，而其下属的原子力安全保安院负责核能安全规制，在此种组织架构下，后者较难进行独立性判断，其决定具有影响安全规制之虞。改革后的原子力规制委员会脱离经济产业省，承担原子力安全规制（safety）、核不扩散的保障（safeguards）与核物质防护（security）等职能。

目前来看，我国承担核能利用促进职能与核能安全规制职能的组织在地位、势力与权力上都不对等，必然会对核能安全规制造成不利影响。两种职能有效分离的解决之道在于建立独立的核安全监管机构。这种独立性既包括组织的独立，也包括功能上的独立，不可简单地"东施效颦"。域外有关核电站安全规制机关的设置未有统一的模式可供遵循，不可全盘移植或贸然模仿，应在坚持独立性与专业性的基本设置原则下，考量本国的政治、经济与社会等因素。我国核电站安全规制组织的建构，不可绕开宪法框架与行政实践等本土化场景。

其二，应当在我国宪法框架下设置独立的核能规制组织。相较于日本等国家，我国立法并未明确独立规制机关的类型。日本于1948年颁布的《国家行政组织法》规定依据法律可以设立审议会，经1983年修订在第8条明确各行政机关除依据法律外也可依据行政命令设置审议会。审议会为行政机关的附属机关，不具有直接对外作出行政行为的权限，一般通过咨询报告等方式间接参与行政机关的意思形成。后来出现了如农地委员会、劳动委员会等独立机关，这些机关采取合议制，且能以自己的名义对外作出行政决定。日本《国家行政组织法》进一步通过第 3 条的"委员会"进行制度化，该种类型的独立委员会又被称为"三条委员会"。法国宪法虽未规定独立行政机关，但法国宪法委员会认为立法机关基于基本权利的保护，有权设置不受行政阶层制拘束的独立行政组织。且内阁可以通过对独立行政组织提起行政诉讼来对其进行监督，因而在内阁设置独立行政组织，不违反《法兰西第五共和国宪法》第 20 条内阁为最高行政机关且对国会负责的规定。①

《中华人民共和国宪法》（以下简称《宪法》）第 3 条确立了立法机关、行政机关、监察机关、审判机关与检察机关五种类型的国家机构。在现行国家组织体系内，核能规制组织应当归入行政机关体系。基于《宪法》第 85 条和第 86 条，国务院是最高国家行政机关，实行总理负责制，在国务院设置合议制的独立委员会在我国显然缺乏宪法根据与法律依据。从宪法与法律来看，我国行政体系内的委员会大致存在三种形态。

一是作为行政机关的委员会。《宪法》第 86 条将"委员会主任"纳入国务院的组成范围，委员会属于行政机关，但是实行主任负责制而非合议制，由委员会主任负责本部门的工作。

二是作为国务院直属机构的委员会。如中国证券监督管理委员会（以下简称"证监会"）属于国务院直属机构，具有独立的行政管理职能与独立的行政主体资格，可以在主管事项范围内对外发布命令和指示。

三是不具有法人属性的委员会。如依据《中国证券监督管理委员会发行审核委员会办法》，证监会设立发行审核委员会，依法审核股票发行申请。发行审核委员会委员由证监会聘任，由证监会的专业人员和该机构外的有关专家组成，以投票方式对股票发行申请进行表决，提出审核意见。发行审核委员会采取合议制，隶属于证监会，不具有法人属性，

---

① 参见陈淳文《从法国法论独立行政机关的设置缘由与组成争议：兼评"司法院"释字第 613 号解释》，《台大法学论丛》2009 年第 2 期。

且不能独立对外作出行政行为。证监会对发行审核委员会的审核意见有权进行审查并作出是否核准发行申请的决定。①

由此可见，我国仅在行政系统内存在一种非法人性质的合议制委员会，其独立性极弱，显然不能将之定性为独立规制机关。我国国家机构体系以人民代表大会制度为基础，核电站安全规制组织不可能独立于立法机关，为实现对规制权力的监督与对公民权利的保护，其也不可能独立于司法机关，因而所谓的独立指在行政系统内的独立。是否采取合议制委员会的形式，需要在我国宪法框架下谨慎权衡。我国《宪法》确立了行政机关的首长负责制，如果设置独立的委员会，势必要修改《宪法》或者《地方各级人民代表大会和地方各级人民政府组织法》等宪法性法律。从域外来看，日本内阁或各省大臣下设置独立组织（不限于委员会）的依据，源于日本《国家行政组织法》第3条。具有较强独立性的美国独立管制机构则可从宪法文本、国会早期的行政组织立法实践和司法判例中获得正当性。具体而言，美国宪法分别规定了部门首长（heads of department）与执行部门的主要官员（principal officers in each of the executive departments），国会的"1789年决定"未将财政部纳入执行部门，并规定财政部的审计官完全不受总统的控制，马歇尔大法官在"马伯里诉麦迪逊"案中区分了总统的代理人（agent）与法律的官员（officer of the law）。② 独立机关在我国宪法规范中无法获得正当性依据，国务院各部委的首长由总理任命，核能规制组织亦不可能脱离于国务院的领导与监督。更何况，合议制的委员会形态虽能保障核能规制机关较强的独立性，但也存在决策效率低下、应对危机管理不足等局限性。

我国可建立相对独立的核安全监管委员会，来承担核电站等核能民事利用的安全规制职能。设立不受其他行政机关指挥监督的合议制机关，

---

① 参见《中国证券监督管理委员会发行审核委员会办法》第2、24条。
② 参见步超《论美国宪法中的行政组织法定原则》，《中外法学》2016年第2期。

面临着必须修改宪法的难题，不能一蹴而就。较为务实的改革方案是在国务院之下建立专门的核安全监管委员会，统一行使核能民事利用的安全规制职能，从而避免目前我国核能安全规制职责模糊不清、重叠、互相冲突等弊端。在组织形态上，核安全监管委员会未必要采用合议制的形式。这是因为，独立机关并非以合议制为必要条件，如美国的联邦调查局即属首长制的独立机关，但享有独立的预算与人事权。

核安全监管委员会应当在人事与决策上享有独立空间。一则，委员的任命由国务院总理提名并经全国人大或全国人大常委会同意，委员会主席由总理指定。委员任期固定，且可连任一次，除非存在违法或滥用职权的行为，否则不得被免职。二则，实行首长负责制，但具体决策应当经过集体讨论。三则，在决策上，参照我国《宪法》第91条"审计机关在国务院总理领导下，依照法律规定独立行使审计监督权，不受行政机关、社会团体和个人的干涉"的规定，应当通过立法明确"核安全监管委员会在国务院总理领导下，依照法律规定独立行使安全监管权，不受行政机关、社会团体和个人的干涉"。

其三，提升我国核能安全规制组织的层级。从域外核能安全规制组织的层级来看，其独立性有不同程度的体现。

一是直接隶属于国家元首的层级。核能安全管制机关的最高层级为直隶于国家元首，地位不亚于部委，如美国、韩国及法国等。特殊核能管制机关如加拿大的核能安全委员会，是"部门法人"（departmental corporation）与"独立机构"（separate agency），被定位为一个"独立的、准司法的行政法庭及管制机关"（independent, quasi-judicial adminis-trative tribunal and regulatory agency），虽依法通过自然资源部长向国会提出报告，但组织上却不隶属于该部。[1] 西班牙的核能管制机关是独立于

---

[1] 参见林昱梅《核能管制机关之比较研究》，载陈春生主编《法之桥：台湾与法国之法学交会：彭惕业教授荣退论文集》，（台北）元照出版有限公司，2016，第439~444页。

国家行政机关以外的特殊法人。英国核能管制局（Office for Nuclear Regulation）也脱离对英国健康与安全部的隶属关系，成为独立公法人。

二是隶属于中央行政机关的部委，在组织上具有较强的独立性。如日本将核能安全规制机关与核能利用促进机关进行分离，安全规制组织隶属于环境省，层级不如美国规制机关高。日本原子力规制委员会采取合议制，以减少来自行政权的干预，且委员的任命须经国会同意，因而其独立性比较强。

三是隶属于中央部委，独立性较弱。与中央部委属于国家行政系统的二级机关不同，核能规制组织隶属于中央部委，仅具有三级机关的法律地位。芬兰的辐射与核安全局隶属于社会事务和卫生部；德国的联邦辐射防护局隶属于联邦环境部；英国旧制的核能管制局隶属于健康与安全部。由于与二级机关一同承担核能安全规制任务，此种形态的三级机关实际上无法独立于二级机关。该种类型组织的独立程度最低，核能规制组织隶属于中央部委，尽管在不具有法人人格的情形下能独立对外作出行政决定，却在人事、财务与组织等事项上缺乏充分的自主空间。

我国现行的核能规制组织包括国家核安全局、国家能源局、国家国防科工局，均属于国务院下属的三级行政组织，层级较低，建议提高至国务院下属的二级行政组织。理由如下。首先，提高核电安全规制组织的层级，才能契合我国《核安全法》规定的核安全保障优先原则。"国家能源局和国防科工局是国务院部委管理的国家局，其行政级别比国家核安全局要高。这使得国家核安全局在和上述两部门的协调中处于不利地位。"[①]其次，有利于增强核电紧急事故的处置能力。在现行体制下，若发生核电紧急事故，国家核安全局缺乏足够的主导权与指挥权，跨部委整合的能力有待考验。最后，我国核电产业规模大，且还处于持续的发展过程中，这对核电安全规制提出了重大挑战。

---

① 胡帮达：《核安全独立监管的路径选择》，《科技与法律》2014 年第 2 期。

行政系统内的隶属关系体现为以下四个方面：一是人事隶属关系，即上级行政机关一定程度上有权任免下级机关的人员；二是财务隶属关系，即下级机关的财务不同程度上受到上级机关的控制与监督；三是组织隶属关系，即下级机关或许能独立对外作出决定，但不具有法人资格，与上级行政机关之间具有行政一体性；四是功能隶属关系，在抽象规范制定、具体行政行为作出等方面，上级机关对下级机关具有介入的空间。① 上述四种隶属关系并非要全部具备，才满足上下级行政机关的关系定位。从法国宪法委员会的立场来看，其中一种隶属关系存在，就足以建构两个行政组织之间的上下隶属关系，并维持内阁作为最高行政机关的宪法地位。我国核安全监管委员会设置于国务院之下，虽在人事与财务上须一定程度受国务院的控制与监督，但应当将其定位于行政法人，具有规章制定权，能依照法律规定独立作出决定，并排除上级行政机关的不当干预。这种组织安排也能契合国务院作为最高国家行政机关的地位，并遵循《宪法》确立的首长负责制。

　　其四，保障我国核能安全规制组织的功能独立性。由于核能安全规制的专业程度高，且情势变动迅速，信息掌握不易，一般行政机关往往无法有效管制。因此，完善核能规制组织需要着眼于降低信息与知识的不对称性，提升规制的专业性，在人员任用上吸收相关领域的专家加入，强化规制者与被规制者之间的沟通、联系与合作，减少规制成本。

　　就我国核安全监管委员会的设置而言，委员应采取专任制，以避免兼任委员无法专注于核能安全管制事务。委员应当具有专业资格限制，受到任期保障，非有法定理由不得免职。委员会的组成应当满足多元性要求，不仅要包括核能安全与辐射防护专业的委员，还应当涵盖法律、医学、环境学、地质学与管理学等相关专业的人员，从而减少某一领域

---

　　① 参见陈淳文《从法国法论独立行政机关的设置缘由与组成争议：兼评"司法院"释字第613号解释》，《台大法学论丛》2009年第2期。

专业人员的偏见。委员不得由核电营运者、核材料经营者或核废料处理经营者的成员担任，在任期内的兼职与商业行为应当受到限制，同时应受到"旋转门条款"的约束，在离职后不得从事核电利用促进部门的管理或核电产业的经营活动。

在决策方式上，核安全监管委员会应当享有规章制定权，如此方能保障监管机关独立地享有政策形成空间。专业能力是核能安全规制组织独立的基础，在核安全监管委员会内部，应当形成较为完善的技术支撑组织体系与咨询机构体系，从而强化核安全的监管能力。除了组织与职能上的相对独立，核安全规制组织还应当通过信息公开与公众参与加强功能上的独立。信息公开与公众参与在核电站安全规制中具有独特的意义与作用，构建透明的规制过程有利于抵抗政治力量与经济利益的不当影响，也有助于增强核电规制组织独立的正当性基础。

# 第三章

## 核电站安全规制的许可程序

## 第一节 我国核电站多阶段许可的构造与局限

### 一 我国核电站多阶段许可的构造

我国《核安全法》第 22 条确立了核设施安全许可制度，核设施营运单位进行核设施选址、建造、运行与退役等活动，都应当取得国务院核安全监督管理部门的行政许可。2019 年生态环境部颁布了有关核设施许可程序的规章即《核动力厂、研究堆、核燃料循环设施安全许可程序规定》，取代国家核安全局于 1993 年与 2006 年分别发布的《核电厂安全许可证件的申请和颁发》《研究堆安全许可证件的申请和颁发规定》。从现有规定来看，我国立法在核设施安全规制上采用多阶段的许可程序构造，包括选址审查意见书、建造许可、运行许可与退役许可。

（1）核设施选址审查意见书。依据《核安全法》第 23 条，"核设施营运单位应当对地质、地震、气象、水文、环境和人口分布等因素进行科学评估，在满足核安全技术评价要求的前提下，向国务院核安全监督管理部门提交核设施选址安全分析报告，经审查符合核安全要求后，取得核设施场址选择审查意见书"。该条款延续了国家核安全局于 1987 年颁布的《核电厂安全许可证件的申请和颁发（中华人民共和国民用设施安全监督管理条例实施细则之一）》，并将核电厂厂址选择审查意见书作为建造许可的前置条件。

（2）核设施建造许可。依据《核安全法》第 25 条，核设施建造前，核设施营运单位应当向国务院核安全监督管理部门提出建造申请，并提交核设施建造申请书、初步安全分析报告、环境影响评价文件、质量保证文件以及法律和行政法规规定的其他材料。核设施营运单位取得核设施建造许可证后，方可开始与核设施安全有关的重要构筑物的建造（安装）或者基础混凝土的浇筑，并按照核设施建造许可证规定的范围和条件从事相关的建造活动，确保核设施整体性满足核安全标准的要求。核设施建造许可主要审查核设施的设计是否符合相关法律法规的要求并保证核设施安全。

（3）核设施运行许可。依据《核安全法》第 27 条，核设施首次装投料前，核设施营运单位应当向国务院核安全监督管理部门提出运行申请，并提交核设施运行申请书、最终安全分析报告、质量保证文件、应急预案以及法律和行政法规规定的其他材料。"核设施运行许可证的有效期为设计寿期。在有效期内，国务院核安全监督管理部门可以根据法律、行政法规和新的核安全标准的要求，对许可证规定的事项作出合理调整。"

颁发核设施运行许可的目的是确认核设施已按照认可的设计和质保要求建造完成、调试结果满足设计要求、相应的运行规程能够满足安全管理的要求，确定其在首次装投料（运行）后应该遵循的许可条件等。《核安全法》出台前，核设施首次装投料与核设施选址、运行、退役并列，同样要求获得行政许可。将首次装投料许可与运行许可合并，遵循一致的运行安全要求，是为了"确保核设施运行安全，核设施首次装投料试运行就应当按照正式运行的要求审批"，[1] 同时旨在"简化许可，提

---

[1] 《全国人民代表大会法律委员会关于〈中华人民共和国核安全法（草案）〉修改情况的汇报》，2017 年 4 月 24 日。

高效率，减少不必要的监管负担"。①

（4）核设施退役许可。依据《核安全法》第 30 条，核设施退役前，核设施营运单位应当向国务院核安全监督管理部门提出退役申请，并提交核设施退役申请书、安全分析报告、环境影响评价文件、质量保证文件以及法律和行政法规规定的其他材料。

由此可见，核电站的多阶段许可包括了选址许可、建造许可、运行许可与退役许可，各自具有不同的功能。选址许可是多阶段许可的第一步，旨在确认所选场址与拟建核设施之间的适宜性，避免那些难以通过工程和管理措施解决的场址不利条件，判断场址条件对核设施安全的影响与核设施对场址周围人口和环境的影响。其主要"对地质、地震、气象、水文、环境和人口分布等因素进行科学评估"。建造许可的目的是确认核设施的设计符合相关法律法规要求，重要构筑物、系统、设备以及重要规程的设计能够保证核设施的安全。运行许可则是确认核设施已按照认可的设计和质量保证要求建造完成，并在运行阶段各类活动中严格执行《核安全法》和许可文件的相应要求。退役许可意图确认核设施的退役安排和退役过程中的实际状态满足与退役有关的核安全要求。

引人关注的是，核设施建造许可与核设施运行许可在立法上采取了分阶段实施的方式，两者在审查标准上不同，相较于后者，前者的安全审查具有初步性。至于两者审查的标准，《核安全法》并未明确，仅在第 8 条要求国家从高从严建立核安全标准体系，并授权有关部门按照职责分工制定标准。且核安全标准应当保持动态性与灵活性，根据经济社会发展和科技进步适时修改。也有学者主张，实施多阶段行政许可的理由在于"每个阶段的危险因素各有不同，决定了需要通过过程管理与分阶段审批，对不同类型的核能设施和活动采取不同的监管措施或安全标

---

① 陆浩主编《中华人民共和国核安全法解读》，中国法制出版社，2018，第 110 页。

准，确保每一步都处于安全状态，尽可能将风险降至公众可接受的水平"。① 这种许可规制模式呈现出多阶段许可的程序构造，每一阶段的许可互相独立，在许可条件与审查义务的课予上存在差异，从而有效地贯彻风险预防原则。

## 二 我国核电站多阶段许可的局限

核电站安全规制的多阶段许可程序有域外的经验可资借鉴。如美国1954 年《原子能法》规定了核电站许可授予的两阶段程序（two-step procedure），包括核电站的建造许可与运营许可。如果原子能委员会认为企业提交的有关核反应堆的安全分析具有可接受性（acceptable），则颁发建造许可证。若要取得建造许可证，核设施营运者应当提交初步的安全分析报告、环境影响报告等有关核设施项目的材料。原子能委员会的工作人员及核反应堆安全保障咨询委员会经详细审查后向原子能委员会提交审查报告，再由 3 名成员组成的原子能安全与许可委员会主持裁决式的公开听证（public adjudicatory hearing），并作出是否许可的决定。针对该决定，申请人可向原子能安全与许可申诉委员会（Atomic Safety and Licensing Appeal Board）申诉，最后由原子能委员会针对许可作出决定。原子能委员会授予申请人建造许可仅构成一个初始决定，并不能保证建造许可获得者在完成核电站建设后必然获得经营许可。待核设施建造完成，原子能委员会只有确定核电站完全满足安全要求，才能授予运营许可，运营许可的审查程序与建造许可的审查程序相同。②

德国《原子能法》也明确规定了部分许可（Teilgenehmigung）与先

---

① 汪劲、张钰羚：《〈核安全法〉实施的重点与难点问题解析》，《环境保护》2018 年第 12 期。

② 参见 Dean Hansell, "Nuclear Regulatory Commission Proceedings: A Guide for Intervenors, " *UCLA Journal of Environmental Law & Policy* 3(1982): 23 – 73。

行决定（Vorbescheid），旨在将复杂的许可程序逐步分解，从而使规制决定更加透明，持续地针对核电站事项展开审查。这也引发出各阶段许可应当处理何种事项以及相互关系的问题，这在米尔海姆—凯里希（Mülheim-Kärlich）核电站的部分许可被撤销中可见一斑。该核电站于1975年获得第一次部分许可，随后获得 7 次阶段性许可，并于 20 世纪 80 年代中期运营。但联邦行政法院于 1988 年撤销了该核电站的第一次部分许可，主张该许可蕴含的"暂时性整体判断"（das vorläufige positive Gesamturteil）[1] 存在调查与评估不足。尽管阶段性许可具有透明与持续监管的优势，但具体效力与相互关系不清晰的弊端随之产生。部分许可意图维持动态监管与更好的风险预防，但其效力的不确定性可能使核设施营运者承担不合理的风险与财政负担，因而需要在核设施营运者与受到核电营运影响的利害关系人之间寻求利益平衡。[2]

我国核电站许可程序呈现出多阶段的特征，仍然有必要对多阶段许可的功能与意义作出检讨。

一则，对多阶段的核电站许可程序构造具有检讨之必要。无论是德国还是美国，多阶段的许可程序在安全保障、程序效率与权益保护等维度面临众多质疑。由于核电站投资巨大，且行政机关可能在规制策略上偏向核电产业，多阶段的许可程序未必有利于核电安全的保障。该种程序的进行与规制机关的审查、公众参与的程度等息息相关，难免会降低程序效率，甚至严重影响许可证的及时颁发。此外，多阶段的许可程序还面临规制过程中如何保护核电站营运者以外第三人权益的问题。这些

---

① "das vorläufige positive Gesamturteil" "eine vorläufige Beurteilung" "eine vorläufige Gesamtbeurteilung"在语义上不存在实质差别，如德国联邦行政法院在裁判 BVerwGE 80，207 中采用 "das vorläufige positive Gesamturteil" 的表述，而德国《联邦污染防治法》（Bundes – Immissionsschutzgesetz）第 8 条采用 "eine vorläufige Beurteilung" 的表述。基于对所引用原文的尊重，本书交叉使用 "暂时性积极整体判断" "暂时性整体判断" 概念。

② 参见 Martin Vogelsang und Monika Zartmann, "Ende des gestuften Verfahrens?" *Neue Zeitschrift für Verwaltungsrecht* 1993, S. 856。

问题的累加导致美国最终从多阶段许可程序向合并许可程序进行改革。我国究竟应当采用何种程序类型，抑或只在现行实践基础上进行程序改良，现有的研究未给予足够关注。

二则，我国《核安全法》的出台某种程度上解决了核电站许可缺乏基本法依据的问题，但对许可程序的内在构造与相互关系仍然缺乏清晰定位。"从核安全许可的具体制度来看，除了通过《核安全法》整合现有的、较为零散的核安全许可，对各类许可的条件、程序作出规定外，还需要特别规范核设施各阶段许可的相互关系。"① 遗憾的是，我国迄今未有研究对多阶段行政许可的效力范围及相互关系作出澄清。

## 第二节　多阶段核电站许可程序的功能与控制

多阶段许可程序将复杂的核电站安全规制过程化解为不同的独立阶段，一则需要审视其与合并许可程序在平衡安全与效率上的差异，二则有必要在内部检视不同阶段许可的效力与相互关系。而且，多阶段许可程序在核电站安全规制中一直伴随着较大的争议，美国即经历了从两阶段许可到合并许可的程序变革。对于我国应当如何作出选择并进行优化，须澄清多阶段核电站许可程序的功能与控制。

### 一　多阶段核电站许可程序的功能

首先，多阶段核电站许可程序有利于安全保障的强化。以美国为例，核能规制机关不要求反应堆建造的申请人提交有关设施安全的最终技术数据，只要申请者提供了"合理保证"（reasonable assurance），即计划

---

① 王社坤、刘文斌：《我国核安全许可制度的体系梳理与完善》，《科技与法律》2014 年第 2 期。

中的核电站在选址地点建造与运营方面将"不会对公众的健康和安全造成不应有（undue）的风险"，规制机关就愿意授予有条件的许可。两阶段许可制度使规制机关在授予核电站建造许可的同时，有足够的时间调查突出的安全问题并对初步计划进行修改。不调查并澄清所有潜在的安全问题即授予建造许可难免引发争议，而分阶段审查考虑到了技术发展的动态性，有助于减少核电企业获得许可的成本与压力，对核电产业的发展形成正向激励。[①]

其次，多阶段的核电站许可程序具有增强程序经济的功能。在大型设施（例如核能电厂、工业设施等）等耗时且复杂的程序里，一般采用多阶段的许可程序（gestufte Genehmigungs verfahren）制度，其目标在于分解复杂的程序材料，使分阶段准备与决定成为可能。此种程序后果有二：一方面，基于程序经济的考虑，其中已经确定的部分决定嗣后原则上不再受到挑战，即产生排除效力（Präklusionswirkung）；另一方面，基于权利保障的观点，已作出的部分决定对行政机关具有一定的事先影响与拘束力（Vorwirkungen und Bindungen）。整体许可流程可以划分为形式上虽相互独立但实质上彼此先后关联的程序，除了情势有重大变迁导致整体方案遭到冲击，行政机关作出后续决定时，原则上应尊重在先的决定。[②] 换言之，许可的阶段化有利于提高规制决定的可预测性，从而减少复杂程序所带来的烦冗与拖沓。

最后，多阶段的核电站许可程序具有减少核电站营运者经营风险的功能。多阶段的许可程序致力于降低申请人的经营风险，使申请人得以逐步依其规划在已取得部分决定的基础上，合理预期能获得终局的许可。对行政机关和行政相对人而言，多阶段的许可程序增加了透明度。对核

---

① J. Samuel Walker and Thomas R. Wellock, "A Short History of Nuclear Regulation, 1946 – 2009, "in Fisher Emily S. , ed. , *Nuclear Regulation in the U. S. : A Short History*, Nova Science Publishers, 2012, pp. 9 – 10.

② 参见 BVerwG, Urteil vom 19. 12. 1985 – 7 C 65/82( Mannheim) 。

电站规制而言，多阶段的许可程序不再拘泥于某一许可决定，而是将监管拓展至整个行政过程。[①] 德国核能法规定的多阶段许可程序有部分许可与先行决定两种选择。一种情形是部分许可，部分许可的概念源于德国行政实践，后在《核能法许可程序条例》及《联邦污染防治法》中成文化，[②] 是指由主管机关就行政许可申请进行部分实体审查，并作出部分许可，申请人据此许可从事特定活动，学理上此种情形称为"垂直分段"（vertikale Teilung）。另一种情形是，主管机关就申请仅审查个别许可要件是否满足，并作出先行的确认决定。其意义在于对核设施安全作出暂时性积极整体判断。先行决定对后续程序具有拘束力，却不能视为行政许可，在性质上可被视为确认行政行为，申请人不得据此开展特定活动，学理上此种情形称为"水平分段"（horizontale Teilung）。[③] 无论是部分许可还是先行决定，在法律性质上都属于独立行政行为，意图通过程序的阶段化提升规制决定的可预测性，减少核设施营运单位的经营风险。

多阶段许可程序需要澄清的是每一阶段程序处理何种具体事项，以及对后续的许可决定产生何种拘束力。部分许可包含了两部分内容，一部分属于许可内容，另一部分属于暂时性积极整体判断（das vorläufiger positiver Gesamturteil）。依据德国《核能法许可程序条例》第18条，若初步审查表明有关整个设施建设和运营的条件可以满足，并且申请人在获得部分许可上拥有合法利益，行政机关可依申请颁发部分许可。这意味着部分许可既是独立的，也是整个核设施许可的一部分，不能回避对

---

[①] 参见 Martin Vogelsang und Monika Zartmann, "Ende des gestuften Verfahrens?" *Neue Zeitschrift für Verwaltungsrecht* 1993, S. 856。

[②] 《核能法许可程序条例》的全称为"Verordnung über das Verfahren bei der Genehmigung von Anlagen nach § 7 des Atomgesetzes"，《联邦污染防治法》的全称为"Gesetz zum Schutz vor schädlichen Umwelteinwirkungen durch Luftverunreinigungen, Geräusche, Erschütterungen und ähnliche Vorgänge"。

[③] 参见李建良《论多阶段行政处分与多阶段行政程序之区辨——兼评"最高行政法院"2007年度判字第1603号判决》，《"中研院"法学期刊》总第9期（2011年）。

将来许可的整体判断。在约束力上，部分许可的许可内容对被许可人与行政机关具有拘束力，其蕴含的暂时性积极整体判断产生拘束力则受到一定限制。①

## 二 多阶段核电站许可程序受到的挑战

从域外来看，多阶段许可程序虽然在核电规制领域得到较为普遍的采用，但并非没有争议。美国《原子能法》确立的两阶段许可程序一直备受诟病，常见的批评认为，两阶段许可程序不能很好地保护公共利益，因其无法及时解决重大的安全问题，且使许可期限过长，不仅给参与许可程序的各方，而且给核电企业造成不必要的不便利和严重的财政延误。② 反核团体则主张两阶段许可适用不同的安全标准，导致其难以有效地针对核电站许可进行抗争。③

首先，多阶段核电站许可程序受到核设施安全保障方面的质疑。美国两阶段许可程序招致规制机关、核电站许可申请人与公众之间的紧张关系，在法院曾受到挑战。在 1961 年 "核反应堆开发公司诉电气、无线电和机械国际工会案"（*Power Reactor Development Co. v. International Union of Electrical, Radio and Machine Workers*，以下简称 "核反应堆开发公司案"）中，哥伦比亚特区巡回上诉法院主张，原子能委员会在颁发核反应实验堆建造许可证前未充分考虑安全问题，明显与立法意图相悖，并指出："我们认为国会在安全问题上的考虑是很清楚的。如果没有令人信服的理由（compelling reasons），国会不想把反应堆置于一个使大量

---

① 参见 Martin Vogelsang und Monika Zartmann, "Ende des gestuften Verfahrens?" *Neue Zeitschrift für Verwaltungsrecht* 1993, S. 856。

② 参见肯尼思·F. 沃伦《政治体制中的行政法》（第三版），王丛虎等译，中国人民大学出版社，2005，第 623 页。

③ 参见 Dean Hansell, "Nuclear Regulatory Commission Proceedings: A Guide for Intervenors", *UCLA Journal of Environmental Law & Policy* 3(1982): 23 – 73。

人口易受可能的核灾难影响的地方。"① 但这一裁判被联邦最高法院推翻，其强调原子能委员会完全遵守了《原子能法》第 104 条的要求，区分两阶段许可程序中的初步安全判断与最终安全判断很有意义，因为安全问题可以在建造许可证颁发后的核电站建造阶段得到解决。联邦最高法院主张，由于技术发展具有不确定性，且旨在鼓励核电站设计的多样性，原子能委员会在授予行政许可的审查上没有一贯的具体标准可供遵循，而应结合每一具体个案进行审查，两阶段许可构成了相互独立的安全决定（separate safety findings）。

　　然而，联邦最高法院的裁判未能平息两阶段许可程序的争论，批评的声音依然存在，特别是有观点质疑其不能及时解决重大的安全问题，以更好地保护公共利益。"在现行的两步程序下，直到审查的第二步人们往往才公开考虑安全问题，到那个时候，已经投入几十亿美元。那些不必要的压力，无论现实的还是想像中的，都迫使核管制委员会考虑这些问题并颁发许可证。"②

　　其次，多阶段核电站许可程序可能损害许可决定的安定性，增加核设施营运者的风险与负担。核电站的许可过程因多阶段许可程序的设计变得漫长，特别是获得后阶段运营许可的期限拉长，核电站营运企业的财务负担加重。如在美国，核设施营运企业获得运营许可证的平均期限是 10～14 年。③ 特别是美国核电站建设初期，该问题被放大与凸显。反应堆运行数量的快速增长和拟建核电站的规模给原子能委员会管理人员带来巨大负担，大量申请需要处理不可避免地导致许可证延期，核电站投入成本也随之大幅上扬。坐落于美国纽约长岛的肖勒姆（Shoreham）

---

① *Power Reactor Development Co. v. International Union of Electrical, Radio and Machine Workers, AFL-CIO, et al.* 367 U. S. 396(1961).

② 参见 *Three Mile Island: The Most Studied Nuclear Accident in History*，转引自肯尼思·F. 沃伦《政治体制中的行政法》（第三版），王丛虎等译，中国人民大学出版社，2005，第 623 页。

③ 参见肯尼思·F. 沃伦《政治体制中的行政法》（第三版），王丛虎等译，中国人民大学出版社，2005，第 623 页。

核电厂单个机组的装机容量为 800 兆瓦，1968 年动工建造时预估成本约 2.17 亿美元，但运营许可拖延、美国核能规制委员会要求重新设计与建造等原因，导致该核电机组于 1984 年运营时最终投入的成本高达 60 亿美元。类似的还有位于堪萨斯州的狼溪（Wolf Creek）核电站，在 1973 年申请建造许可时预估成本约为 5.25 亿美元，而 10 多年后申请运营许可时投入超过 30 亿美元。①

越来越多积压的核电站许可审查工作，引起了申请建造核电站的公用事业公司和核供应商的强烈不满。一名公用事业公司高管预测，如果延迟变得司空见惯，"可以肯定的是，核电的辉煌前景将转瞬即逝"。②规制效率的低下成为来自核电产业的主要批评。美国原子能委员会试图简化许可程序，却发现无法缩短审查时间来满足行业的要求。可见，两阶段行政许可程序大大地增加了核电营运企业的成本，并导致美国在 1978 年之后至少 25 年内，未再授予新的核电站建造许可。

## 三　流程简化与程序合并的变革

核电站许可程序的简化在 1989 年得以实现，为了提高许可效率并降低许可过程中的不确定性，美国核能规制委员会试图进行流程简化的改革，包括实行选址许可（early site permits）、建立标准化的核反应堆设计认证（standard design certifications）以及合并建造许可与运营许可。选址许可是指在授予建造许可前，核能规制委员会根据申请对核设施的选址申请进行审查并授予许可。标准化的核反应堆设计认证是指核反应堆

---

① 参见 Albert V. Carr, "Licensing and Regulation of U.S. Nuclear Power Plants," in Charles D. Ferguson and Frank A. Settle, eds., *The Future of Nuclear Power in the United States*, Federation of American Scientists, 2012, p. 53。

② J. Samuel Walker and Thomas R. Wellock, "A Short History of Nuclear Regulation, 1946 – 2009,"in Fisher Emily S., ed., *Nuclear Regulation in the U.S.: A Short History*, Nova Science Publishers, 2012, p. 28.

设计一旦获得认证，任何核电企业都有权选择并采用一种已获得批准的核反应堆设计，从而实现核反应堆设计的标准化。迄今为止，美国核能规制委员会已经批准了四种类型的标准化的核反应堆设计。最重要的改革是将实施多年的两阶段许可程序合并，并将建造许可与运营许可阶段的听证统一到许可程序的早期阶段实施。

上述许可程序的改革引发较大争议，在巡回上诉法院的"核信息与资源服务组织诉美国核能规制委员会案"（*Nuclear Information and Resource Service v. NRC*）中遭到挑战。该案上诉人主张新的合并许可规则违反了《原子能法》设定的两阶段许可要求。基于"谢弗林测试"（Chevron Test），哥伦比亚特区巡回上诉法院作出裁判认定许可程序合并不违反美国《原子能法》，主张《原子能法》在许可程序包含几阶段的问题上保持沉默，因而核能规制委员会的改革不违反上位法。该判决对核能规制委员会一阶段许可程序的接受，可能为核电营运企业节省几十亿美元的资金，这是因为它将带来高成本的诉讼案件降至最小数量，并大大缩小了核电站建造与运营之间的时间间隔。[1]

直到1992年，在核电公用事业公司与核能规制委员会的督促下，美国国会颁布《能源政策法》将两阶段许可程序明确统合为一阶段许可程序，申请者可以同时获得建造许可与运营许可。全新的许可程序包括"设计认证"、"早期的选址许可"以及"合并的建造与运营许可"。这种混合的许可程序有利于一次性将所有与核电站设计、选址相关的安全与健康问题解决。"尽管这将导致核管制委员会要求对所提出的核电站进行更详细的审查，举行更多的听证会，并且为调停者提供表达观点的机会，但是至少在建设开工及公用事业公司开始投资几十亿美元以前，问题都将得以解决。"[2] 换言之，核电企业在获得设计认证、早期的选址许

---

① 参见 969 F. 2d 1169（D. C. Cir. 1992）。
② 参见肯尼思·F. 沃伦《政治体制中的行政法》（第三版），王丛虎等译，中国人民大学出版社，2005，第625页。

可以及合并的建造与运营许可后，可以毫无顾虑地开展后续工作。遗憾的是，新建核电站的许可在此后几乎陷入停滞状态。

2007 年后，美国核能规制委员会收到并受理（docketed）18 项合并许可申请，涉及 28 座新的大型轻水反应堆。[①] "合并许可"（combined license）包含核电站建造和运营两方面的许可，核能规制委员会应当依据《原子能法》、核能规制委员会的规定以及《能源政策法》，审查申请人资格、设计安全性、环境影响、操作程序、选址安全和施工验收等事项。在颁发核反应堆许可证前，核能规制委员会须对核电站的财务保障、安全保障与环境影响等方面进行广泛调查，只有在公众健康与安全方面获得"合理的保障"时，才能授予核电站的建造和运营许可。

## 第三节　影响核电站许可程序构造的因素及方式选择

核电站许可程序的构造受到政治与经济发展的影响，与公众参与程序、安全保障要求等因素息息相关。构建与优化核电站许可的程序，应当在核电站安全保障与规制效率之间保持适度平衡。完善核电站的许可程序应当贯彻风险预防原则与全过程安全监管原则，同时保障规制行为的可预测性。

## 一　影响核电站许可程序构造的外部因素剖析

许可程序的进行过程可能受到法律考量以外因素的影响。以美国为例，一系列事件导致核电站许可程序期限不断延长，从而对核电产业发展造成消极影响。

---

① 参见 Information Digest, 2019 - 2020( NUREG - 1350, Volume 31)。

（1）政治与经济发展的影响。20 世纪 70 年代初发生的第一次阿拉伯石油禁运导致能源价格迅速大幅上涨，能源成本的增加反过来抑制了对电力使用的需求，导致许多核电站许可的申请人被迫延缓核电站建设与运营的进度。20 世纪七八十年代的通货膨胀与利率的提升，更是使核电企业的财务问题雪上加霜。[①]

（2）核电站事故的影响。从美国核电站许可程序的沿革来看，1979 年美国三里岛核电站事故与 1986 年苏联切尔诺贝利核电站事故对核电产业及其发展带来重大冲击，核能规制委员会对许可标准进行检视，甚至要求已获得建造许可的核电企业重新进行设计与施工。美国核能规制委员会甚至在 1978 年以后未授予新的核电站建造许可。[②]

（3）公众参与的影响。两阶段的核电站许可程序与要求较为严格的公众参与相结合，进一步加重了核电产业的负担，并减弱了核电投资的可预期性。无论是颁发核电站建造许可还是运营许可，核能规制机关应事先依职权或依申请组织听证，听证程序的进行会延缓核电站许可进程。扬基罗核电站（Yankee Rowe Nuclear Power Station）的所有者在 1956 年申请了建造许可证，在 1960 年即取得了运营许可证，且未遭到任何抗议，而锡布鲁克核电站（Seabrook Nuclear Power Station）的营运者在 1973 年申请了建造许可证，在经过漫长的法律诉讼和众多的示威抗议之后，直到 1990 年才获得运营许可。[③]

美国 1992 年《能源政策法》有针对性地对公众参与进行了限制，除建造许可前的强制性听证外，核能规制委员会有权裁量并可以拒绝核

① 参见 Albert V. Carr, "Licensing and Regulation of U. S. Nuclear Power Plants," in Charles D. Ferguson and Frank A. Settle, eds. , *The Future of Nuclear Power in the United States*, Federation of American Scientists, 2012, p. 50。

② 参见 Christopher C. Chandler, "Recent Developments in Licensing and Regulation at the Nuclear Regulatory Commission," *Administrative Law Review* 58(2006): 489。

③ J. Samuel Walker and Thomas R. Wellock, "A Short History of Nuclear Regulation, 1946 – 2009," in Fisher Emily S. , ed. , *Nuclear Regulation in the U. S. : A Short History*, Nova Science Publishers, 2012, p. 65。

电站建设后的听证申请。如果核电站许可过程中的参与主体（Interve-nors）无法提出还未或将不会达到混合许可标准的表面证据（prima facie evidence），如详细论述不遵守建筑物建设标准将如何影响核电站经营，核能规制委员会有权拒绝举行听证会。①

（4）核电规制机关的压力。在 20 世纪六七十年代，反应堆数量的迅速增加与核电站规模的扩大给监管机关带来巨大的压力。1965 年至 1970 年，监管人员规模增加了约 50%，但颁发许可和检查（inspection）案件的数量增加了约 600%。处理建造许可证申请所需的平均时间从 1965 年的大约 1 年延长到 1970 年的 18 个月以上。② 可见核电规制机关本身的人力与资源匹配，也会影响核电站许可程序实施的效率。

## 二　影响核电站许可程序构造的内部因素剖析

核电站许可程序是采用两阶段的程序构造，还是简化为一阶段许可程序，并无唯一正确答案可供选择。两者在核电站许可程序效率与核电站安全保障上各有利弊。

一方面，在核电站许可程序效率上，合并许可程序能在混合的建造许可与运营许可颁发前，同时解决与核电站选址、设计相关的安全和健康问题，从而避免两阶段许可带来的许可程序冗长、核电企业负担过重以及核电规制可预测性减弱的弊端。

另一方面，在核电站安全保障上，合并许可程序缺乏足够的灵活性，无法处理混合许可证颁发后实际运营前发生的安全问题，且为了保障许

---

① 参见肯尼思·F. 沃伦《政治体制中的行政法》（第三版），王丛虎等译，中国人民大学出版社，2005，第 625 页。

② 参见 J. Samuel Walker and Thomas R. Wellock, "A Short History of Nuclear Regulation, 1946 – 2009," in Fisher Emily S., ed., *Nuclear Regulation in the U. S. : A Short History*, Nova Science Publishers, 2012, p. 28。

可决定的安定性压缩了公众参与的空间。对合并许可程序负面效应的担忧并未消除。"调停者仍旧有可能在听证会上提起大量诉讼，尤其是论证这些核电站未按规定建造并因此会带来某种健康与安全风险，以此拖延颁发许可证的过程。当然，对公用事业公司来说，诉讼费用是十分昂贵的，特别是如果他们输了官司并且被责令处理一些成本非常高却未曾预料到的问题的话，而在集中进行的一步许可程序中，那些问题多多少少有些会被忽略掉。"①

可见，核电站许可的程序构造必须权衡程序效率与安全规制两种相互冲突的价值。美国核电站许可程序改革具有特定的历史脉络，受到经济社会发展、核电站事故、公众参与以及规制机关压力等多重外部因素的影响。除此之外，核电站许可程序的构建还需要考虑安全保障、程序效率与许可决定的安定性等内部因素。② 第一，核电站许可程序应当具备足够的灵活性，能促进新技术和新知识的吸纳。核电技术的发展呈现出渐进性与动态性，核电运营经验的积累以及运营中暴露出的问题能够进一步推动核电规制的完善。第二，核电站许可程序应当具备充分的经济性。对核电站许可程序展开成本效益分析十分重要，这会影响技术的革新与利用。美国国会预算办公室曾经评估，核电厂许可的延期导致的损失达到每月 360 万美元，约为总建设成本的 0.33%。③ 核电企业承担这方面的成本，势必会抑制其投入技术创新。第三，核电站许可程序应当保障许可决定的可预测性。许可决定应当具有一定的安定性和可预测性，从而保护核设施营运者的信赖利益，同时有利于利害关系人针对许

---

① 参见肯尼思·F. 沃伦《政治体制中的行政法》（第三版），王丛虎等译，中国人民大学出版社，2005，第626页。该书将"Intervenors"翻译成"调停者"，值得商榷，翻译成"参与主体"可能更妥当。

② Linda Cohen, "Innovation and Atomic Energy: Nuclear Power Regulation, 1966 – Present," *Law and Contemporary Problems* 43(1979): 67 – 97.

③ Linda Cohen, "Innovation and Atomic Energy: Nuclear Power Regulation, 1966 – Present," *Law and Contemporary Problems* 43(1979): 71.

可决定提出异议并发挥监督作用。

首先，核电站的许可程序设计应当着眼于风险预防，这是核电安全价值优先于程序经济的要求。核电利用带来的风险不同于秩序行政面临的危险，许可机关受制于自身科技知识的局限性，无法全面判断核电站建设与运营伴随的风险。核电站的设立必须满足法定的安全标准，而核电科技的利用与发展具有动态性，许可机关在损害的种类、概率与因果关系判断上难免存在认知不足。加上科技理性的内部分裂，专家意见之间亦会存在分歧。"风险就其原初意义上来说，便是指随着时间经过，在未来有可能产生不同于现在预期的结果。"① 概言之，核电站安全规制保留一定程度的动态调整，有利于风险预防的实现。

核电站许可属于对未来的预测决定，是于现在的时间点来判断未来是否可能发生损害后果，而未来是变动不居的。一方面，科学技术发展会导致认知改变，在过去认为是安全的决定可能现在变得有疑问；另一方面，科学技术发展也可能克服以往存在的安全隐患。因此，核电站许可决定应当维持一定的弹性和灵活性，以避免僵化的决定在风险预防上的不足。与此同时，作出核电站许可决定属于行政行为，法的安定性原则要求已作出的许可决定不得随意变更，损害其可预测性。核电站许可程序也应当满足一定程度的效率要求，从而避免核电站许可决定作出拖延导致核设施营运单位的经营成本上升与风险增多。

其次，核电站许可的安全审查具有过程性。即便获得建造许可，核设施的安全还与质量保障文件与建造过程具有紧密联系。如由 2 台机组组成的美国米德兰（Midland）压水堆厂工程历时 15 年之久完成了约85%，被发现地面沉降导致核电站建筑物下沉与开裂，同时存在质量保证问题以及与三里岛核电站设计相同带来的不确定性，尽管该项目已投

---

① 葛克昌、钟芳桦：《核电厂设立许可与行政程序——风险社会下的人权保障与法律调控》，《军法专刊》2001 年第 3 期。

资近 40 亿美元，投资者于 1984 年最终还是取消该核电站项目并将之改建为当时世界上最大的燃气电厂。另一个例子是齐默尔（Zimmer）核电站，到 1983 年时已在建约 10 年，据称完成 97%，其所有者在该核电站投资了约 18 亿美元，由于存在重大的质量保证（quality assurance）问题，美国核能规制委员会于 1982 年颁布了停止该核电站施工的命令。核电站的所有权人在预估还需额外 15 亿美元完成建造并运营的情形下，于 1983 年投资 10 亿美元将其改建为燃煤电厂，并于 1991 年投入使用。<sup>①</sup> 可见，对核电站运营之前的安全审查并不能一蹴而就，规制机关在颁发核电站建造许可后，仍然需要根据客观形势、建造过程、科技发展情况进一步履行安全保障义务。

合并许可试图通过一阶段许可程序，保证"至少在建设开工及公用事业公司开始投资几十亿美元以前，问题都将能得以解决"，<sup>②</sup> 这恐怕只能停留于美好的期望。在合并许可颁布后工程建造到核电站营运前的阶段，仍然会发生建造不符合设计与质量保证要求的可能，而规制机关若要撤销合并许可，则面临撤销意图维护的公共利益与核电站营运者对许可已产生的信赖利益之间的衡量，难免会因此缩手缩脚。再者，美国合并许可的变革有标准化的核反应堆设计认证与严格的公众参与制度作为支撑。前者认证并采用安全性能显著提升的核电技术，能够简化合并许可的审查，降低核电站建造与运营的成本，<sup>③</sup> 弥补合并许可在安全保障上的不足。后者通过公众会议（public meeting）与公开听证（public hearing）来对核电站许可的初步决定进行说明，并提供较为正式的表达

---

①　参见 Albert V. Carr, "Licensing and Regulation of U. S. Nuclear Power Plants," in Charles D. Ferguson and Frank A. Settle, eds. , *The Future of Nuclear Power in the United States*, Federation of American Scientists, 2012, pp. 46 – 56。

②　肯尼思·F. 沃伦《政治体制中的行政法》（第三版），王丛虎等译，中国人民大学出版社，2005，第 625 页。

③　David A. Repka and Kathryn M. Sutton, "The Revival of Nuclear Power Plant Licensing," *Natural Resources & Environment* 19(2005) : 39 – 44.

异议机会，同样有利于增强核电站许可决定在安全与环境保护上的效果。

最后，多阶段许可程序应当保障许可决定的可预测性。关于不同阶段许可决定的相互关系，存在"相互独立说"与"相互关联说"两种观点。相互独立说认为，核电站许可过程前阶段的行政行为可随着情势变化予以撤销。"因为先前的决定对未来事实所做的预测可能是错误的，那么为了避免先前的决定无法达成行政决定的目的，因此要对这个决定再进行一次审查，如果的确因为事实或科技现状的变迁导致先前决定无法达成目的，那么行政机关就应该撤销原处分。"① 相互关联说主张，部分许可具有暂时性整体判断（eine vorläufige Gesamtbeurteilung）的效力，作出先行决定、部分许可时，必须全面观察整体开发行为对于环境的影响，决定的内容亦拘束后续的审查及许可，因此暂时性整体判断即成为先行决定、部分许可与后续整体许可之间不可或缺的枢纽。②

相较而言，以暂时性整体判断来构建多阶段许可之间的相互关系，更有利于核安全的保障和核设施营运者信赖利益的保护。暂时性整体判断的依据源于德国《核能法许可程序条例》（Atomrechtliche Verfahrens-verordnung-AtVfV）第 18 条，只有经初步审查表明，整个设施建造与运营相关的许可条件可得到满足，部分许可才能授予。换言之，行政机关就核电站项目开发计划作出部分决定而予以许可时，必然就整体开发计划进行具有预测性质的"暂时性整体判断"。作为阶段性许可的审查要件之一，暂时性整体判断基于其预测性与暂时性，对后续许可决定仅具有有限的拘束力。一则，暂时性整体判断的存续力不及于后续许可有待审查的其他细节部分；二则，若后续许可所依赖的事实或法律基础发生变化，对后续许可的作出提出了新的要求，则暂时性整体判断的存续力

---

① 葛克昌、钟芳桦：《核电厂设立许可与行政程序——风险社会下的人权保障与法律调控》，《军法专刊》2001 年第 3 期。

② 参见博玲静《论环境影响评估审查与开发行为许可间之关系——由德国法"暂时性整体判断"之观点出发》，《兴大法学》总第 7 期（2010 年）。

不再及于后续许可。①

# 第四节　我国核电站许可程序的目标与优化

我国核电站许可程序的构建与优化，应当贯彻安全保障优先与风险预防的原则，在多阶段许可程序内部关系上保障规制行为的可预测性，同时适当地对规制程序进行成本效益分析，避免核电站许可程序的拖沓，在安全与效率之间保持一定的平衡。

## 一　我国核电站许可程序的安全保障

我国《宪法》第 33 条确立"国家尊重和保障人权"，实质上要求国家不仅不能侵犯个人权利，还应当积极履行对基本权利的保护义务，而程序保障是履行基本权利保护义务的重要制度保障。

我国核电站许可程序的优化应当在风险规制的动态性、核电站许可的效率以及核电站许可的可预测性之间取得平衡。核电站许可审查周期拉长将导致核电企业资金上的窘迫困境以及成本的上升。因而，程序的不经济性必然导致核电投资的增加，损害技术的革新与应用。多阶段行政程序应遵循程序透明性原则与法安定性原则，核电站项目每一阶段的行政决定应当具体且确定，才能使利害关系人能够有针对性地提出异议并进行有效参与。对异议权的限制犹如双刃剑，既须考量许可程序的效率以及许可决定的安定性，又要对基本权利进行有效保护。

我国《核安全法》第 8 条规定"核安全标准应当根据经济社会发展和科技进步适时修改"，尽管确立了核安全标准的动态调整原则，但未

---

① BVerwG, Urt. v. 19. 12. 1985 – 7 C 65/82, *Neue Zeitschrift für Verwaltungsrecht* 1986, S. 208.

明确其适用规则。日本在福岛核电站事故后大幅修法的重点之一，除了引入最新科学与技术以强化规制标准，还要求动态的安全标准必须适时体现在核设施的安全规制中。核设施营运单位也须遵循最新的科学与技术标准，以革除原先规制标准一成不变的弊端。我国也可借鉴日本修法后确立的法规范溯及适用（Back Fit）的制度，即根据最新科技发展修订的相关技术基准或指针，规制机关得行使规制权限，要求核设施营运单位的核设施必须符合最新修订的安全标准。因此，在我国多阶段核电站许可的基础上，立法有必要确立规制机关落实动态安全标准的职责，在核电站的阶段性许可审查中适用契合最新科技发展的安全标准，同时赋予其对被许可人作出改正命令的职权。同时，核设施营运单位也应当根据最新的安全标准，于特定期间内自行评估其核设施的安全性。

## 二　我国核电站许可程序的效率保障

核电站许可审查周期过长，不论是对核电企业还是对社会公众而言，都是难以承受的代价。管窥实践，我国核电站在许可与建设周期上相较于美国更有效率。如辽宁红沿河核电厂一期工程三、四号机组，厂址选择审查意见书于 2007 年 6 月 15 日作出，[①] 建造许可证于 2009 年 1 月 10 日颁发，[②] 环境影响报告书（运行阶段）于 2014 年 9 月 11 日得以批复，[③]

---

[①] 参见《辽宁红沿河核电厂一期工程三、四号机组厂址选择审查意见书》（国核安发〔2007〕65 号），生态环境部网站，https：//www.mee.gov.cn/gkml/zj/haq/200910/t20091022_172955.htm，最后访问日期：2023 年 3 月 19 日。

[②] 参见《辽宁红沿河核电厂一期工程三、四号机组建造许可证》（核安证字第 0901 号），生态环境部网站，https：//www.mee.gov.cn/gkml/sthjbgw/haq/200910/t20091022_175154.htm，最后访问日期：2023 年 3 月 19 日。

[③] 参见《关于辽宁红沿河核电厂三、四号机组环境影响报告书（运行阶段）的批复》（环审〔2014〕224 号），生态环境部网站，https：//www.mee.gov.cn/gkml/sthjbgw/spwj1/201409/t20140922_289372.htm，最后访问日期：2023 年 3 月 19 日。

首次装料于 2016 年 1 月 15 日获得批准，[①] 2019 年 12 月 19 日，运行许可证颁发。[②] 再如广东阳江核电厂五、六号机组，2008 年 10 月 24 日，国家核安全局作出了选址意见书，[③] 同年 11 月 9 日，国家发展改革委正式核准了阳江核电工程一次建设 6 台百万千瓦级压水堆核电机组（发改能源〔2008〕3410 号），2013 年 9 月 13 日，环境保护部批复了阳江核电厂五、六号机组建造阶段环境影响报告书（环审〔2013〕219 号），国家核安全局同时颁发了建造许可证（国核安发〔2013〕161 号），并于 2019 年 4 月 28 日颁发运行许可证（国核安发〔2019〕104 号）。[④] 以上两个核电站的机组从选址意见书到运行许可证颁发，历时十一二年，相较美国、德国旷日持久的核电站建设过程，许可程序效率在我国并非突出问题。

　　我国核设施的选址、建造、运行与退役等活动应当获得行政许可，公众参与贯穿于各个不同的许可阶段。一是环境影响评价编制过程中的公众参与。尽管《核安全法》只是明确提交"环境影响评价文件"属于核设施建造许可与退役许可的法定条件之一，核电站的选址与运行许可都离不开环境影响评价。然而，公众参与的积极性在环境影响评价实践中并不高，这在广东阳江核电厂五、六号机组的环境影响报告书中可见一斑。"在本阶段公众参与过程中，建设单位通过发布环境信息公示和

----

① 参见《辽宁红沿河核电厂四号机组首次装料批准书》（国核安证字第 1601 号），生态环境部网站，https://www.mee.gov.cn/gkml/sthjbgw/haq/201601/t20160118_326601.htm，最后访问日期：2023 年 3 月 19 日。

② 参见《关于颁发辽宁红沿河核电厂 3、4 号机组运行许可证的通知》（国核安发〔2019〕257 号），生态环境部网站，https://www.mee.gov.cn/xxgk2018/xxgk/xxgk09/201912/t20191224_749835.html，最后访问日期：2023 年 3 月 19 日。

③ 参见《阳江核电厂三、四、五、六号机组厂址选择审查意见书》（国核安发〔2008〕90 号），生态环境部网站，https://www.mee.gov.cn/gkml/sthjbgw/haq/200910/t20091022_175120.htm，最后访问日期：2023 年 3 月 19 日。

④ 参见《关于颁发阳江核电厂 5、6 号机组运行许可证的通知》（国核安发〔2019〕104 号），生态环境部网站，https://www.mee.gov.cn/xxgk2018/xxgk/xxgk09/201905/t20190506_701996.html，最后访问日期：2023 年 3 月 19 日。

环评报告全本公示等方式，进一步开展了持续的公众参与活动。截至目前，建设单位与环评单位尚未收到针对本工程建设的反对意见。"二是核电站许可中的公众参与。《中华人民共和国行政许可法》（以下简称《行政许可法》）第36条规定的"行政机关对行政许可申请进行审查时，发现行政许可事项直接关系他人重大利益的，应当告知该利害关系人。申请人、利害关系人有权进行陈述和申辩。行政机关应当听取申请人、利害关系人的意见"以及第46、47条规定的依职权与依申请进行听证，是公众参与的基本依据。作为主管机关的生态环境部一般针对选址、建造与运行阶段的环境影响评价报告审批适用依申请听证，但尚未有资料表明申请人或利害关系人主动向生态环境部申请听证。①

由上可见，无论是核电站许可的审查周期，还是公众参与对核电站许可的影响，都表明我国核电站许可程序效率并非亟须解决的核心问题。相反，如何强化规制机关对核电站许可的审查，进一步完善核电站许可过程中的公众参与，才是我国多阶段许可实施中应当关注的重点问题。

## 三　我国核电站许可程序的可预测性保障

我国《核安全法》第22条虽然将核设施选址纳入许可调整的范围，但核设施场址选择审查意见书的目的是"确认所选场址与拟建核设施之间的适宜性"，② 进而评估特定场址是否适宜建设核设施，并非批准从事核设施建造的行为，而是对核设施建造许可某一方面的前提性要件是否满足进行确认，其本质上属于行政确认行为。核设施场址选择审查意见书本身蕴含了对后续核设施许可的整体性判断，包括评估厂址所在区域

---

① 参见《生态环境部关于2020年6月22日拟作出的建设项目环境影响评价文件审批意见的公示（核与辐射）》，生态环境部网站，http://www. mee. gov. cn/ywdt/ gsgg/ gongshi/ wqgs_1/ 202006/ t20200622_785425. shtml，最后访问日期：2020年7月5日。
② 陆浩主编《中华人民共和国核安全法解读》，中国法制出版社，2018，第100页。

内发生外部事件对核设施的影响、可能影响释放出的放射性物质向人体和环境转移的厂址特征及环境特征，以及与核事故应急相关的厂址环境。核设施场址选择审查意见书对后续的许可具有拘束力，除非选址审查意见书所立足的事实或科学知识发生变化，否则不得被后续的行政许可所改变。

实践中，选址审查意见书往往蕴含着废止保留，如《中广核浙江三澳核电厂一期工程场址选择审查意见书》（国核安证字第 2012 号）指出："如果场址条件（如人口分布，附近的工业、运输和军事设施等）发生可能影响设计基准的重大变化，应向国家核安全局报告，并论证其对中广核浙江三澳核电厂一期工程安全的影响。"[1] 换言之，如果核设施场址选址意见书被撤销或废止，基于该选址意见所作的后续许可的法律效力也会产生根本性动摇，应予废除。

《核安全法》第 25 条将提交初步安全分析报告作为建造许可要件，可以解读为建造许可审查不局限于对核设施的设计进行安全审查，还包括对核设施是否符合安全标准进行整体评价。"初步安全分析报告是核设施营运单位完成核设施初步设计的基础上，对于其拟建造的核设施能否符合核安全法规标准的全面评价，是国务院核安全监督管理部门颁发建造许可的重要依据。"[2] 由于核设施的建造与调试是否满足设计和质量保证要求、相应的运行规程是否满足安全管理要求，有待在运行许可的审查中澄清，因而初步安全分析并非建立在完全充分证据支持的基础上，而是具有一定的预测性。亦因此，阶段性许可除许可内容外，还包括对核设施整体安全的初步分析，也就是暂时性整体判断。

从现行实践来看，暂时性整体判断的规范内容在阶段性许可中较为模糊。如《福建漳州核电厂 1 号机组建造许可证》（国核安证字第 1915

---

[1] 建造许可证亦有该方面的内容，参见《关于批准颁发海南昌江核电厂一、二号机组建造许可证的通知》（国核安发〔2010〕52 号）。

[2] 陆浩主编《中华人民共和国核安全法解读》，中国法制出版社，2018，第 105 页。

号）仅简单地提及"核安全审评和监督的结果表明福建漳州核电厂的设计原则以及核安全相关活动符合核安全基本要求，已具备正式开工建造的条件"。① "基本要求"的表述某种意义上蕴含了该许可决定对核电站安全的暂时性整体判断。此外，公众与利害关系人的参与权利还需得到进一步保障，建造许可证颁发所依赖的支撑材料如建造许可证申请书、初步安全分析报告、环境影响评价文件等并未作为许可证的附件公开，从国家核安全局的官方网站等公开渠道亦难以获得，这使公众及利害关系人无法及时针对该部分许可提出异议（包括进行司法救济）。许可程序透明度的不足，可能导致救济后移至后续的运行许可中，而已在前期投入巨资的核设施营运者与作为规制者的行政机关恐怕都不愿面对此种场景。因而，法秩序的安定性、核设施营运者对许可决定的信赖利益以及利害关系人的权益保护，都要求多阶段许可决定的内容应当明确与透明。

---

① 《关于颁发福建漳州核电厂 1、2 号机组建造许可证的通知》（国核安发〔2019〕219 号），国家核安全局网站，http://www.mee.gov.cn/xxgk2018/xxgk/xxgk09/201910/t20191012_737289.html，最后访问日期：2020 年 7 月 5 日。

# 第四章

# 核电站安全规制中的信息公开

核电站安全规制不仅包括行政许可、行政处罚、监督检查等传统规制方式，还应重视信息披露、公众参与、核安全文化建设等现代治理手段。"命令—强制"的手段主要包括许可、处罚与强制，更多的是从事前与事后规制来减少核事故的发生可能性，信息披露、公众参与等规制工具的运用则加强了核设施建造、营运与退役全过程的监管，更有利于风险预防原则的贯彻。而且许可体现为事前控制，难以摆脱人类知识与技术的局限性，核能事故一旦发生，往往异常严重，事后"亡羊补牢"，恐为时已晚，因而核能利用与规制的特殊属性要求核安全规制手段进行革新，《核安全法》对此作出了有力回应。

核电信息公开包括核电监管信息公开与核设施营运单位的信息公开，两者同时受《核安全法》与《中华人民共和国政府信息公开条例》（以下简称《政府信息公开条例》）调整。核电监管信息公开指核电监管机关公开在履行核电站安全监管职能过程中制作或者获取的，以一定形式记录、保存的信息。核设施营运单位的信息公开指核设施营运单位依据《核安全法》第 64 条应当公开本单位核安全管理制度和相关文件、核设施安全状况、流出物和周围环境辐射监测数据、年度核安全报告等信息。核设施营运单位的信息公开适用《政府信息公开条例》第 55 条，即"教育、卫生健康、供水、供电、供气、供热、环境保护、公共交通等与人民群众利益密切相关的公共企事业单位，公开在提供社会公共服务过程中制作、获取的信息"，应当依照相关法律、法规和国务院有关主管部门或者机构的规定执行。此外，《生态环境部政府信息公开实施办法》于 2019 年颁布，适用于生态环境部的政府信息公开，当然包括核电监管信息公开。有关核电信息公开的专门办法《核安全信息公开办法》自 2020 年 10 月 1 日起实施，涵盖规制机关的信息公开与核设施营运单位的信息公开。核电信息的公开，使公民的知情权有了法律保障，有利于贯彻风险预防原则，更为公民参与奠定了良好的基础。与此同时，"核安全信息专业性强、敏感性强"，① 核电信息的公开应当对此作出特别回应。

## 第一节 核电信息公开的意义和原则

《政府信息公开条例》推动了政府信息公开的法治化进程，也是核电信息公开的基本依据。就核电信息公开而言，我国环境保护部（生态环境部）相继颁布了《环境信息公开办法（试行）》（2019 年废止）、《环境保护部信息公开指南》、《环境保护部（国家核安全局）核与辐射安全监管信息公开方案（试行）》、《关于加强核电厂核与辐射安全信息公开的通知》、《核与辐射安全监管信息公开管理办法》、《生态环境部政府信息公开实施办法》与《核安全信息公开办法》等规定，2017 年颁布的《核安全法》在第五章专门规定"信息公开和公众参与"，其中信息公开的规定较为粗略。《核动力厂营运单位核安全报告规定》对各核电厂必须向国家核安全局或者核动力厂所在地区核与辐射安全监督站报告

---

① 参见生态环境部核设施安全监管司《〈核安全信息公开办法（征求意见稿）〉编制说明》，生态环境部网站，https：//www.mee.gov.cn/hdjl/yjzj/wqzj_1/202004/t20200417_775155.shtml，最后访问日期：2022 年 10 月 20 日。

的运行事件有详细规定。

# 一 核电信息公开的意义

核电信息公开的主体包括行政机关与核设施营运单位。国务院有关部门及核设施所在地省、自治区、直辖市人民政府指定的部门应当在各自职责范围内依法公开核安全相关信息。国务院核安全监督管理部门应当依法公开与核安全有关的行政许可，以及核安全有关活动的安全监督检查报告、总体安全状况、辐射环境质量和核事故等信息。此外，国务院应当定期向全国人民代表大会常务委员会报告核安全情况。核电信息公开方式包括主动公开与依申请公开两种类型，公民、法人和其他组织，可以依法向国务院核安全监督管理部门和核设施所在地省、自治区、直辖市人民政府指定的部门申请获取核安全相关信息。

依据《政府信息公开条例》第55条，核电设施营运单位属于与供电、环境保护密切相关的企业，亦负有信息公开的义务。核设施营运单位应当公开本单位核安全管理制度和相关文件、核设施安全状况、流出物和周围环境辐射监测数据、年度核安全报告等信息。如果核设施营运单位未依照相关法律、法规和国务院有关主管部门或者机构的规定公开在提供社会公共服务过程中制作、获取的信息，公民、法人或者其他组织可以向有关主管部门或者机构申诉，接受申诉的部门或者机构应当及时调查处理并将处理结果告知申诉人。

政府信息公开是民主政治的必然要求，是防止腐败的有效手段，也是法治政府建设的重要途径。核电信息的公开有利于保障公民知情权、参与权、表达权、监督权，有利于提高公众对核安全的认知水平，这些在生态环境部颁布的《核安全信息公开办法》第1条的规范目的中有明确宣示。除有利于公众参与外，核电信息的公开还具有独特的意义与价值，具体表现为建立风险沟通的渠道、确立风险的可接受度、加强公众参与以及实现对民众权利的保障。

第一，核电信息公开是建立风险沟通的必然要求。核电站安全规制不可避免要面对人类未知的情境，规制机关尚存在认知上的局限，更何况一般的社会民众。"科学证据本身未必足以形成民众对政府决策的信任，而仍须仰赖社会的制度性机制，始能支撑科学研究的可信性，促成一般民众对未知事物的理解，接受一定程度的生活风险，甚至政府亦应预先构筑风险及危机沟通的步骤与方法。"① 公众只有在规制与决策过程透明的情形下，才能对核电技术的安全利用产生足够的信心。因此，核电信息公开有利于强化政府与民众的互信。这种互信并非规制机关与核电设施营运单位面向公众的单向度宣传与教育，而是政府、企业、社群与个人之间不断的信息交换与意见的双向沟通过程。如果夸大科学的主导与智识的控制作用，既忽视了科技理性的局限性，也可能使风险沟通沦为形式主义的宣传和参与，无法回应民众的实际需求，加剧普通民众与核电企业、规制机关之间的不信任。

第二，核电信息公开是确立风险可接受度的有效手段。核电信息大多属于专业知识范畴，涉及物理、化学与地理等多种科学知识，特别是发生如同日本福岛核电站事故一样的严重事故，相应的应急信息具有诸多专业上的不确定性，专业判断亦可能出现偏差、分歧甚至是错误，在信息具有不确定性的情形下，个人和组织可能作出不同解读并影响自身的行为抉择。"于当代风险社会之下，如何促使民众接受、理解政府针对因应危机所形成的决策，仍免不了牵涉个人的、社会的价值观、文化与官僚传统等因素。"② 在一些核电设施选址、环境影响评价等问题上，公众对核电信息公开的反馈既是风险沟通的重要形式，也是确立风险接

---

① 高仁川：《台湾核安管制资讯公开的现状与课题》，载陈春生主编《法之桥：台湾与法国之法学交会：彭惕业教授荣退论文集》，（台北）元照出版有限公司，2016，第543页。

② 高仁川：《台湾核安管制资讯公开的现状与课题》，载陈春生主编《法之桥：台湾与法国之法学交会：彭惕业教授荣退论文集》，（台北）元照出版有限公司，2016，第544页。

受度的有效手段，进而为后续核电规制提供重要参考。

第三，核电信息公开是加强公众参与的重要前提。政府信息公开最重要的价值在于保障公民知情权的实现，而知情权是公民参与的基础，公民参与的扩大有利于核电站规制模式的转变。在风险行政法上，私人不再只是行政行为的客体，还是风险规制过程中的参与主体，扮演着积极的角色。核电信息公开有助于控制和监督规制权力的行使，也是推动公民参与的重要保障。2019 年修订的《政府信息公开条例》第 1 条在立法目的上将"促进依法行政"改为"建设法治政府"，意味着政府治理不仅体现为依法行政，还需要加强公众参与。核电规制的过程并非行政权通过"强制—命令"的单向度方式来对风险进行控制的过程，而是知识、意见与决策的互动与聚集过程。核电信息公开有利于专家、利害关系人及普通民众的参与，并推动社会共识的有效建立。

第四，核电信息公开是实现民众权利的保障。政府信息公开不仅有利于改善政府治理，还是实现民众权利保障的前提，其服务于私人的学术研究目的、商业目的和诉讼目的等。学术研究有时需要利用政府资料，市场主体也可利用政府信息，减少市场经济中信息不对称带来的负面影响，私人在诉讼中也需要利用政府所掌握的文件或信息作为证据。还有突发事件（如核电紧急事故）下的政府信息公开，有助于公民针对突发事件自行采取相应的预防措施。核电信息公开还有利于缓解核电行政诉讼中原告与被告在专业知识与资料上"武装不对等"的局面。因此，核电信息公开是实现民众权利的保障。

## 二 核电信息公开的原则

政府信息公开包括核电信息公开，应当遵循一些基本原则。《政府信息公开条例》第 5 条规定了"以公开为常态、不公开为例外，遵循公正、公平、合法、便民的原则"，加上对学说史、司法实践发展和宪法上基本权利保护条款的解读，笔者认为，核电信息公开的基本原则应当包括公开原则、政府承担主要举证责任原则、及时原则和便民原则。

第一，公开原则。公开原则指政府信息公开以公开为常态，以不公开为例外。这在我国《政府信息公开条例》的立法目的中可见一斑，该法第1条宣示其立法目的在于"保障公民、法人和其他组织依法获取政府信息，提高政府工作的透明度，建设法治政府，充分发挥政府信息对人民群众生产、生活和经济社会活动的服务作用"。修订后的《政府信息公开条例》第5条确立了"以公开为常态、不公开为例外"的原则。

政府信息公开对于民主、法治和权利保护的重要价值，也决定了政府信息公开应当以公开为常态。当然，政府信息公开需要平衡公开的价值与国家秘密、商业秘密和个人隐私的冲突，故而信息公开必然存在例外情形。这种例外应当十分谨慎，通过正当程序、司法审查标准等予以限制，避免对公开原则造成侵蚀。

第二，政府承担主要举证责任（说明理由与提出证据证明责任）原则。政府拒绝提供申请人要求的政府信息，应当对拒绝公开承担举证责任，提出不予信息公开的法律依据和理由。政府不能提出证据证明申请属于应拒绝的情形时，必须按照申请人的要求提供信息，申请人仅就向特定行政机关提出申请承担举证责任。

第三，及时原则。除了核安全管理制度和相关文件、年度核安全报告等信息，核电信息往往具有较强的时效性，如对于核设施安全状况、核设施流出物实际排放量、运行事件、辐射环境监测数据、核事故等信息，社会与公众的关注度高。核电信息的及时公开，既有利于发挥公众参与和监督作用，也有利于贯彻风险预防原则。核电信息的公开应当根据信息内容的不同，在公开的时限上进行类型化。

第四，便民原则。由于核安全信息专业性强、敏感性强，国务院核安全监督管理部门和民用核设施营运单位公开重大政策、规划、新厂址项目、核事件或核事故等涉及面广、社会关注度高的核安全信息时，要同步做好解读工作，及时回应社会关切。与其他的信息公开不同，核电的信息公开不应只追求核电规制的透明性，还应当保障所公开的信息能为公众所理解。遗憾的是，《核安全信息公开办法（征求意见稿）》第13条本来规定了"信息解读和回应"，但最终未得到采纳。①

如果行政机关对于应当主动公开的政府信息没有公开，公民、法人或者其他组织也可以针对这些"主动公开的范围"内的政府信息申请公开。对于依申请公开，修订前的《政府信息公开条例》第13条设定了前提条件，即申请人应当基于"自身生产、生活、科研等特殊需要"。实际上，1946年美国《行政程序法》（Administrative Procedure Act，APA）也限制公众获得政府信息，行政机关只向与信息直接相关的人提供，不向一般公众提供。但1966年《信息自由法》对此进行了修改，公开的对象不限于与信息直接相关的当事人，任何人不需要说明任何理由，只要能够指明所要求的文件，按照行政机关规定的手续办理并缴纳费用，都能得到政府的文件。"特殊需要"这个前提条件的设置，使信息公开的范围实际上受到极大压缩。如在"沈燕锋等与嘉兴市人民政府信息公开上诉案"中，当事人诉请公开与秦山核电厂扩建项目相关的文件，原审法院认为："作为可公开的政府信息，应当具有对人民群众生产、生活和经济社会活动发挥服务作用的功能。政府依申请公开的信息，应当是正式、准确、完整的，申请人获得后可以在生产、生活和科研中正式使用。"② 新修订的《政府信息公开条例》删除了这一限制条件，使依申请公开不再局限于追求个人权益的实现。

---

① 参见《关于公开征求〈核安全信息公开办法（征求意见稿）〉意见的通知》，生态环境部网站，http://www.mee.gov.cn/hdjl/yjzj/wqzj_1/202004/t20200417_775155.shtml，最后访问日期：2021年3月28日。

② 浙江省高级人民法院（2014）浙行终133号行政判决书。

# 第二节　核电监管信息公开的范围

核电监管信息公开包括行政机关主动公开与依申请公开两种方式。《政府信息公开条例》《生态环境部政府信息公开实施办法》《环境保护部信息公开指南》《环境保护工作国家秘密范围的规定》《环境保护部（国家核安全局）核与辐射安全监管信息公开方案（试行）》等规定了核电监管信息公开与豁免公开的范围。

《环境保护部（国家核安全局）核与辐射安全监管信息公开方案（试行）》所明确的信息公开内容包括：（1）核与辐射安全法规、导则、标准、政策和规划，国家核安全局年报；（2）核电厂选址、建造阶段的核与辐射安全审评和监督、环境影响评价、厂址选择审查意见书、建造许可证等信息；（3）核电厂试运行、运行阶段的核与辐射安全审评和监督、环境影响评价、首次装料批准书、运行许可证、运行事件或事故等信息；（4）民用研究性核反应堆的核与辐射安全监管信息；（5）核燃料循环设施的核与辐射安全监管信息；（6）放射性废物处理、贮存、处置以及核设施退役的核与辐射安全监管信息；（7）核安全设备监管信息；（8）放射性同位素和射线装置等技术利用项目及城市放射性废物库的辐射安全监管信息；（9）核与辐射应急准备和应急响应信息；（10）辐射环境质量和环境辐射监测基本信息；（11）人员资质管理、注册核安全工程师考试等信息。

我国修订后的《政府信息公开条例》规定了五类免于公开的信息。

（1）公开后可能危及国家安全、公共安全、经济安全、社会稳定的政府信息。该类信息属于绝对豁免公开的范围。就核电信息而言，过于详尽的地质、水文资料或涉及核设施安全保障的信息公开会损害核设施安全的，应当限制公开。

（2）依法确定为国家秘密的政府信息，法律、行政法规禁止公开的政府信息。该类信息属于绝对豁免公开的范围。

（3）涉及商业秘密和个人隐私等公开会对第三方合法权益造成损害的政府信息。该类信息并非绝对享有公开豁免。在下列两种情形下，涉及商业秘密和个人隐私的信息可以予以公开：第一，经权利人同意公开；第二，行政机关认为不公开可能对公共利益造成重大影响的，予以公开。

（4）行政机关的内部事务信息。包括人事管理、后勤管理、内部工作流程等方面的信息，可以不予公开。

（5）行政机关的过程性信息。行政机关在履行行政管理职能过程中形成的讨论记录、过程稿、磋商信函、请示报告等过程性信息以及行政执法案卷信息，可以不予公开。法律、法规、规章规定上述信息应当公开的，从其规定。

值得注意的是，在《政府信息公开条例》基础上制定的规范性文件《核安全信息公开办法》的第 5 条还额外规定公开后可能危及核设施和核材料安全的信息，作为和国家秘密、公开后可能危及国家安全与公共安全并列的一种信息，绝对豁免公开。以上规定较为原则与抽象，且采用了列举的方式，无法穷尽所有的核电信息。在核电信息公开的范围界定上，最关键的是确立绝对豁免公开与相对豁免公开的情形。其中绝对豁免公开涉及国家秘密、影响"三安全一稳定"的信息，相对豁免公开涵盖涉及第三人权益以及监管中的过程性信息。


# 一　绝对豁免公开范围的界定

作为规范性文件的《环境保护工作国家秘密范围的规定》于 2004 年制定，位阶与效力低，与《中华人民共和国保守国家秘密法》（以下简称《保守国家秘密法》）、《政府信息公开条例》等法律法规存在一些冲突之处。其列举的机密级范围包括"泄露会严重影响社会稳定的环境污染信息""泄露会对军事设施构成严重威胁的信息"，秘密范围则包括"泄露会影响社会稳定的环境污染信息""泄露会给我外交工作造成不利影响的信息"。该规范性文件在附录中将"重大环境污染事故、生态破坏事件和环境污染引起公害病调查的原始数据"、"核安全审评报告与环境影响评价报告中涉及军事设施的部分"以及"预防核与辐射恐怖事件、化学与生化恐怖事件应急预防"等列为机密，有待进一步商榷。

按照《保守国家秘密法》第 13 条，"中央国家机关、省级机关及其授权的机关、单位可以确定绝密级、机密级和秘密级的国家秘密"。上述文件由国家环境保护总局会同国家保密局制定，符合法定的制定主体要件。由于国家秘密属于信息公开绝对豁免的情形，其还应当满足特定的实体要件与程序要件。

（1）实体要件。根据《保守国家秘密法》第 1 条，只有关系"国家安全和利益"的信息才属于国家秘密，《政府信息公开条例》第 14 条将"国家安全"与"公共安全""经济安全""社会稳定"并列，意味着可能危及"公共安全、经济安全、社会稳定的政府信息"不能列入国家秘密的范围，即便不予公开，行政机关也应当对如何影响公共安全、核设施和核材料安全承担举证责任并具体说明理由。否则，如此抽象不确定的法律概念适用，必将消解"以公开为常态、不公开为例外"的基本原则。基于此，将核电站造成的环境污染信息及相关的原始数据列为国家秘密，恐有滥用国家秘密界定权的嫌疑。

（2）程序要件。国家秘密的界定应当符合定密的事先性与特定的保密标志形式。依据《保守国家秘密法》第 12 条，国家秘密的确定应当经过内部审批并由定密责任人事先批准。此外，国家秘密还须具有特定的标志，该法第 17 条要求行政机关对承载国家秘密的载体作出国家秘密标志。

因而，核电信息要属于国家秘密，应当满足国家秘密的法定实体要件与程序要件。至于公开后可能危及核设施和核材料安全的信息，豁免公开的依据仅为其他规范性文件，为避免作为行政法规的《政府信息公开条例》的适用遭到侵蚀，应当将其置于法定的豁免公开框架中进行审查，即公开是否可能侵害国家安全与社会安全。信息公开的义务主体应当对此说明理由并在行政诉讼中承担举证责任。

## 二 相对豁免公开范围的界定

我国大陆地区在核电监管领域虽未发生过依申请公开信息的案例，但我国台湾地区的实践可提供借鉴，如台电公司核能二厂1号机反应炉支撑裙板锚定螺栓曾发生断裂，"原子能委员会"邀请学者、专家召开专案审查会议，以维护核能机组运转安全。由于该事件正好发生在日本福岛核电站事故后，有民众向"原子能委员会"申请公开专家委员会审查人员的名单、相关资料以及核能二厂一号机反应炉支撑裙板锚定螺栓的设计规范。审查专家的名单及相关资料是否公开，涉及个人隐私与对专家参与行政规制过程的约束与监督，而核反应堆内部设计规范是否公开则关涉商业秘密与核电站安全之间的利益平衡。① 相对豁免公开的范围主要涉及第三人个人隐私或商业秘密的信息。

首先，界定依申请公开的信息是否涉及第三人合法权益。我国对于个人隐私的界定，无论是行政机关还是法院，都缺乏统一的法律依据可以适用，因而对于信息公开中个人隐私的解释显得无所适从，也往往成为行政机关不予公开的挡箭牌。尽管目前法律缺乏对个人隐私的界定，但商业秘密却有许多相关规定，只是大多在与信息公开没有直接关联的法律规范中体现，如《中华人民共和国反不正当竞争法》、《中华人民共和国刑法》和《关于禁止侵犯商业秘密行为的若干规定》等。在行政法

---

① 参见高仁川《台湾核安管制资讯公开的现状与课题》，载陈春生主编《法之桥：台湾与法国之法学交会：彭惕业教授荣退论文集》，（台北）元照出版有限公司，2016，第545～546页。

语境中，第三方权益的界定应当根据个案展开，同时考察依申请公开信息的公共属性。

其次，在个案中引入比例原则。即便第三人在行政机关征求意见后表示不同意，行政机关仍然负有利益衡量的义务，第三人意见对政府信息公开决定的作出仅具有有限的拘束力。有学者提出，关涉个人隐私之信息是否构成豁免公开的关键，在于如何进行利益衡量，包括："公开的公共利益与不公开的隐私利益之间如何权衡？及公开的个人利益（资讯主体的生命、身体、健康利益）与不公开的隐私利益之间如何权衡？"[①] 在我国，2019 年修订的《政府信息公开条例》已经取消了"根据自身生产、生活、科研等特殊需要"的规定，意味着信息公开不仅保障公民知情权，还旨在提高政府的透明度，并发挥政府信息的服务作用。因而，利益衡量不能局限于第三人与申请人之间的权益比较，还应当考虑政府信息公开所欲促进的公共利益。

最后，法院应当进行有限度的司法审查。依据《中华人民共和国行政诉讼法》（以下简称《行政诉讼法》）第 70 条，行政行为"明显不当的"，人民法院有权撤销，这意味着对政府信息公开决定中利益衡量的司法审查具有限度。同时，该法第 34 条规定"被告对作出的行政行为负有举证责任，应当提供作出该行政行为的证据和所依据的规范性文件"，以及《政府信息公开条例》第 36 条第 3 项规定"行政机关依据本条例的规定决定不予公开的，告知申请人不予公开并说明理由"，都课予行政机关举证与说明理由的义务，这也有利于适当性审查的展开。

在个案中，法院应当考察当事人申请公开信息的内容，权衡信息公开对公共利益与申请人权益的影响以及对第三方权益造成侵害的可能性与程度，并保持司法审查的谦抑性。在美国"大众能源项目组织诉核能规制委员会案"（*Critical Mass Energy Project v. NRC*）中，哥伦比亚特区

---

① 汤德宗：《政府资讯公开法比较评析》，《台大法学论丛》2006 年第 6 期。

巡回上诉法院的裁判区分核设施营运者向规制机关提供的财务信息或商业信息是基于自愿还是强制，如果核电营运者自愿向核能规制委员会提供安全报告书，且涉及其财务信息或商业信息，则受《信息自由法》中财务及商业信息免于公开条款的保护。① 法院裁判的多数意见认为，要求行政机关公开此类信息会损害政府的利益，导致核设施营运者不再会自愿向政府提供此类信息。4 名持不同意见的法官则认为：其一，多数意见对惯例的依赖，会鼓励受规制企业养成只将很少量信息公之于众的习惯；其二，自愿提供的信息和按照要求强制提供的信息之间的主要区别很模糊，因为行政机关经常有权将自愿项目变成强制项目；其三，同样的区分会鼓励行政机关为了避免根据《信息自由法》的要求公开而依赖自愿的报告制度；其四，限制核设施营运者自愿提供信息的公开，将极大拓展商业秘密豁免条款的适用范围。②

由上可见，核设施营运者自愿提供信息的积极性也被视为"公共利益"，而规制机关获得这些信息是作出规制决定的重要基础。如果核设施营运者自愿提供信息的公开范围过大，将损害政府未来获取必要信息的能力以及政府与核设施营运者之间的合作，且对信息提供者的竞争地位构成实质性损害。相反，如果核设施营运者的信息报告义务具有强制性，且公开相关信息不会损害政府未来获取信息的能力，则行政机关应当关注这些信息内容的可靠性（reliability）如何得到保障，③ 遵循以不公开为例外的原则，并对公开的利益与核设施营运者的商业秘密、公开对信息内容可靠性的不利影响进行利益衡量。"公共利益"概念在内涵上的不确定性，使利益衡量的正当性可能受到质疑，甚至成为行政机关

---

① 参见 *Critical Mass Energy Project v. Nuclear Regulatory Commission*, 975 F. 2d 871, United States Court of Appeals, District of Columbia Circuit。

② 参见理查德·J. 皮尔斯《行政法》（第五版第一卷），苏苗罕译，中国人民大学出版社，2016，第 283 页。

③ 参见 *Critical Mass Energy Project v. Nuclear Regulatory Commission*, 975 F. 2d 871, United States Court of Appeals, District of Columbia Circuit。

不予公开的"挡箭牌"，行政机关应当在政府信息公开决定中对涉及的利益进行全面衡量，违反该义务构成"裁量怠惰"，属于《行政诉讼法》第70条规定的"滥用职权的"情形，法院可据此撤销行政机关的不予公开决定。

## 三　核电监管过程信息公开的界定

行政机关在核电监管过程中获得或保存的信息包括核电站检查报告、安全分析报告、专家委员会名单及资料等。核电站规制机关作出决定的过程是否应当公开充满争议。一方面，规制决定的内容是否具有专业性、合理性与可信赖性，应接受其他专家与民众的检验与监督，公开规制决定作出过程中的会议记录与各种资料具有重要的意义；另一方面，公开所有的过程性资料将可能不当影响规制决定过程中的讨论，或导致核电营运者的权益受到损害，因此核电规制中的信息公开如何平衡公共利益与国家利益、核电营运者的利益便成为棘手的难题。

依据我国台湾地区"政府资讯公开法"第7条，"合议制机关的会议记录"属于应当主动公开的范围。合议制机关是指由依规定独立行使职权的成员组成的决策性机关，会议记录包括其所审议议案的案由、议程、决议内容及出席会议成员名单。在美国，《阳光下的政府法》（Government in the Sunshine Act）要求合议制机关必须进行会议公开。合议制机关（agency）是指"由两名以上，多数经参议院建议或批准后，由总统任命的个人成员组成的合议制机构，或者任何分支机构经授权代表合议制机构行事的行政机关"。合议制机关的每次会议都应当开放以接受公众监督，每次会议至少提前一周向公众公布会议时间、地点和主题，以及会议是否向公众开放。此规定导致合议制机关委员之间的会议不经常召开，公开会议上的沟通也常常由于公众在场而受到扭曲。"委员们不愿意表达他们的真实想法，因为担心暴露他们对于事实、政策和法律问题的无知或者不确定性。他们试图通过不自然的、造作的讨论掩盖他们的不确定性，这极大地阻碍了观点的坦诚交流，而这正是合议制机构高质量决定所不可或缺的。"① 与此不同的是，我国核电规制过程中行政机关对咨询委员会的利用还有待进一步强化，国家核安全专家委员会只是为生态环境部（国家核安全局）的政策与决定提供咨询与建议，因而该专家委员会委员的个人发言信息暂不宜纳入公开的范围。

在我国，承担核电站监管职能的行政机关不属于合议制机关，且在履行行政管理职能过程中形成的讨论记录、过程稿、磋商信函、请示报告等过程性信息以及行政执法案卷信息，属于过程性信息，依据《政府信息公开条例》可以不予公开。这些过程性信息在行政决定作出前属于非确定性事项，一旦公开可能引发公众的误解与争议，并对作出过程中持有不同意见的人员造成不当压力，影响内部意见的沟通与表达自由。但如果相关材料属于行政决定作出的基础事实或参考资料，因其并非意见的表达，则不能将之等同于过程性信息。

此外，我国核电监管机关设置专家委员会作为咨询机构，这些专家委员会委员的个人信息是否应当公开有待澄清。美国国会于1972年制定《联邦咨询委员会法》，规定此类委员会的会议及相关资料原则上必须公开，以便接受公众监督。该法制定出于两方面的原因，一则避免行政机关过多地受到咨询委员会的影响，二则促进咨询委员会根据所代表的观点和利益进行充分平衡。② 联邦咨询委员会的主管机关设立了线上资料库，供公众查询所有联邦咨询委员会的信息，包括成员姓名及所服务的机构等。不过，咨询委员会委员的个人资料属于个人隐私范畴，并非绝

---

① 理查德·J. 皮尔斯：《行政法》（第五版第一卷），苏苗罕译，中国人民大学出版社，2016，第308页。
② 参见理查德·J. 皮尔斯《行政法》（第五版第一卷），苏苗罕译，中国人民大学出版社，2016，第308页。

对排除公开，须与公开的利益进行权衡。"在公益的判断上，由于咨询会议特别着重其成员来源与观点的多元代表性，若不公开咨询委员前述资料，人民将根本无法了解及监督该会议的组成是否确实具备前述的多元性。"① 因而我国核电监管机关应当主动或依申请公开咨询委员会全体委员的相关资料。至于个别委员在会议中的发言，可援引我国《政府信息公开条例》第 16 条，以属于过程性信息为由而不予公开。

## 第三节　我国核电信息公开的权限分配与程序

在北大法宝、中国裁判文书网上进行检索，几乎未发现我国公民、法人或其他组织向核电监管机关或核电站营运单位申请公开信息的案例及裁判文书。实践中向行政机关申请公开的信息主要包括环境影响评价、核电厂工程选址意见等。② 在信息公开的程序上，核电站营运单位、地方政府以及中央核电监管机关的权限如何分配，关系到公开是否及时以及相应的责任承担问题。

## 一　核电站营运单位的信息公开

核电站营运单位的信息公开属于企业自我规制的重要方式，可归入信息规制的范畴。"其方式是直接透过行政机关的命令、抑或是间接地鼓励，要求业者就其行为会对环境造成影响之相关资讯予以揭露，希望透过资讯的揭露，使大众、消费者知悉，进而造成业者的压力，而促使

---

① 刘定基：《政府资讯公开与政府外聘委员个人资料保护》，《月旦法学教室》总第 163 期（2016 年）。

② 参见浙江省杭州市西湖区人民法院（2017）浙 0106 行初 125 号行政判决书、浙江省杭州市西湖区人民法院（2012）杭西行初 122 号行政裁定书等。

其改善相关的行为。"① 企业信息披露的机理是通过政府建立可行的信息沟通机制，为企业的信息披露提供诱因，以确保其所进行的信息披露是及时且准确的。企业自身一般缺乏动力去提供对其经营有害的信息，由此便会产生核电企业与社会民众在信息上的不对称，因而核电企业信息公开首先需要解决其公开的意愿问题。

企业的信息公开分为义务性与自愿性两种方式，我国通过其他规范性文件课以核电站营运单位进行信息公开的义务。环境保护部（国家核安全局）颁布的《关于加强核电厂核与辐射安全信息公开的通知》（国核安函〔2011〕45 号）明确了核电站营运单位信息公开的内容与原则。核电站营运单位信息公开的内容包括 4 项：核电厂核与辐射安全和环境保护的守法承诺及机构设置；核电厂建设情况，包括核电工程项目阶段进展、环境评价报告基本情况、相关环保设施建设和运行情况；核电厂安全运行状况、运行性能指标和周围环境辐射监测数据；核电厂运行事件。核电站营运单位信息公开应当遵循公正、客观、及时与便民的原则。核与辐射安全信息应当自其形成或者变更之日起 15 个工作日内予以公开。法律、法规对核与辐射安全、环境信息公开的期限另有规定的，从其规定。

尽管主管机关课以核电站营运单位相应的信息公开义务，但其他规范性文件无法对未履行该义务的情形设定相应行政处罚。这也导致核电企业信息公开缺乏足够有力的监督与保障。如果核电站营运单位未依法主动履行信息公开义务，民众能否向其提出申请要求公开呢？毫无疑问，核电站营运单位属于《政府信息公开条例》第 55 条规定的"与人民群众利益密切相关的公共企事业单位"，其涉及电力供应与环保，与民生息息相关。由此引发的信息公开纠纷解决，修订后的条例规定不再参照条例执行，公民、法人和其他组织可以向其主管部门申诉，后者应及时

---

① 宫文祥：《以资讯揭露作为环境保护规范手段之研究——以美国法为参考》，《法学新论》总第 5 期（2008 年）。

调查处理并告知处理结果。那么，在核电站营运单位拒绝公开的情形下，申请人能否以其为被告提起要求履行信息公开职责的行政诉讼呢？笔者持肯定观点，理由如下：（1）相关规定并未排除申请人针对公共企事业单位提起信息公开诉讼的救济；（2）自 2008 年以来，我国法院在司法实践中受理公共企事业单位为被告的信息公开起诉并不鲜见；[①]（3）如果法律、法规或规章赋予企业信息公开的义务，亦可将其理解为信息公开的职责，从而可以将核电站营运单位视为《行政诉讼法》第 2 条规定的"法律、法规、规章授权的组织"。

此外，核电站营运单位的信息公开还应当符合可理解性原则。核电企业的信息披露应当一定程度上保障公众有能力去理解所公开信息代表的意义，从而有利于公众参与和监督。如果信息未以清晰与可供使用的方式呈现，大众无法完全了解其所面对的风险究竟如何，甚至可能因此变得更加迷茫。大量专业性较强的核电信息披露还会导致信息超载。"信息的超载（information overload），反而会使得大众忽略已提供的信息，造成根本无信息的状态。"[②] 因此，核电站营运单位的信息公开还需采取一定程度的标准化格式，进行一定的风险评估，使公众能够真正了解并意识到信息背后所蕴含的是否存在风险以及面对的风险如何。当然，风险评估是否会造成核电站营运单位过重的负担，亦需从成本效益分析的角度进行考虑。

## 二　核电应急信息公开的程序完善

我国核电信息的公开包括常规信息公开与应急信息公开。就前者而

---

① 参见彭錞《公共企事业单位信息公开的审查之道：基于 108 件司法裁判的分析》，《法学家》2019 年第 4 期。

② Cass R. Sunstein, "Informing America: Risk, Disclosure, and the First Amendment," *Florida State University Law Review* 20( 1993) : 668 – 669.

言，行政机关公开的是在安全监管职责过程中制作或获取的信息。而核电应急信息的公开则适用较为复杂的程序，地方政府拥有有限的信息公开权限，公开信息仅限于核电厂周围环境辐射监测数据信息，且公开机关限于核电厂所在地省级环境保护行政主管部门。全国性或区域性环境辐射监测数据的信息公开，由生态环境部辐射环境监测技术中心负责实施。其他核电站应急类信息则由中央层级的核电监管机关予以公开。针对 0 级偏差运行事件，核电厂营运单位没有公开义务，《核安全信息公开办法》第 8 条仅规定其"出于经验反馈共同提高的目的主动公开"。至于"国际核事件分级标准（INES）1 级及以上的运行事件/事故"的公开，程序上则有待进一步完善。

首先，核电站营运单位应当在运行事件发生或者发现后 24 小时内，口头通告国家核安全局和核电站所在地区核与辐射安全监督站。核电站营运单位应在确定事件级别后 7 个工作日内向社会公开。生态环境部（国家核安全局）应当在收到核电站营运单位事件通告后 7 个工作日内向社会公开。核电站营运单位的事件通告包括口头通告、书面通告与事件报告。

其次，如果核电站进入应急状态、应急状态变更或者应急状态终止，核电站营运单位向国家核安全局和核电站所在地区核与辐射安全监督站报告的时间则缩短至发生事故并应急待命或以上情形后 15 分钟内。核电站营运单位以及生态环境部（国家核安全局）按照《国家核应急预案》及《核事故信息发布管理办法》的有关规定，及时向社会公开。

从现有规定来看，核电站营运单位、核电监管机关以及省级政府部门都有权公开核应急信息，似乎仍有待商榷。一则，有必要明确地方政府信息公开的权限。《核安全法》第 63 条规定"国务院有关部门及核设施所在地省、自治区、直辖市人民政府指定的部门应当在各自职责范围内依法公开核安全相关信息"，但《核安全信息公开办法》并没有明确赋予省级政府部门相应的信息公开职责。针对核应急信息公开，《核电

厂核事故应急管理条例》第 23 条只是提及 "省级人民政府指定的部门
在核事故应急响应过程中应当将必要的信息及时地告知当地公众"，对
于何为 "必要" "及时"，语焉不详。二则，有必要体现风险预防原则。
核电站营运单位依照《核安全信息公开办法》享有核事件（故）信息发
布的权限，这值得肯定，但 7 天公开时限的要求与监管部门的一样，没
有充分体现核事件（故）发生后的信息公开的时效性。一方面，对于核
事件或核事故发生后带来的风险如何、会对舆情与社会带来何种影响，
应当进行评估，《国家核应急预案》也要求信息发布应当 "准确、权
威"。这既要核实相关事实，进行专业判断，又需要对信息公开的相关
因素进行考量，避免随意发布信息造成不必要的恐慌。另一方面，这种
程序上的安排还应当保障符合核电信息公开的 "公正、客观、及时、便
民的原则"，信息公开的迟延显然不利于风险沟通与公众参与的实现。

从目前规范性文件有关核电信息公开的权限分配与程序安排来看，
其或存在以下需要完善之处。

其一，公开程序根据事件初步分级进行类型化。依据《核动力厂营
运单位核安全报告规定》第 23 条，核动力厂营运单位应当在运行事件发
生或者发现后 24 小时内，口头通告国家核安全局和核动力厂所在地区核
与辐射安全监督站，但该法未规定及时向公众公开。核事件（故）一旦
发生，对于可能造成严重后果的信息，应当允许核电站营运单位以适当
方式向社会公开，而无须等待事件级别的确定，从而及时发挥警示作用，
避免公众人身、财产权益的更大损害，现有的核电应急信息公开权限过
度集中的状况应当改善。

其二，适当下放信息公开的权限。上报制度过于复杂，可能难以解
决核电信息的准确性与及时性的问题。在核电信息的掌握上，除了核设
施营运单位，国家核安全局向地方派驻的监督站具有一定的优势，建议
赋予其更多的信息公开权限。如依据法国的《核透明与安全法》，所有
核基础设施运营的地区都应当成立地方信息委员会，负责核与辐射安全

的监督、信息公开和公共参与的组织。地方信息委员会由各省议会建立，其组成具有开放性，除了地方议员、民间组织，甚至是社会经济界代表和医疗团体代表也可以参加委员会，委员由各省议会主席任命。核设施营运单位和政府监管部门只能以观察员身份参加委员会，其职责仅限于提供咨询建议。[①] 由于核电信息具有技术性强、社会影响大与事故进展迅速的特点，我国各监督站可以仿效法国建立由行政官员、环保组织代表和技术专家等组成的多元化的信息委员会，以履行信息公开的职责。

---

① 参见赵悦《核与辐射安全信息获取权：以法国 TSN 法为镜鉴》，《中国软科学》2017 年第 1 期。

# │第五章│

## 核电站安全规制中的公众参与

## 第一节　我国核电站安全规制中公众参与的现状

### 一　核电站安全规制中公众参与的类型

我国《核安全法》在第五章"信息公开和公众参与"中规定："核设施营运单位应当就涉及公众利益的重大核安全事项通过问卷调查、听证会、论证会、座谈会，或者采取其他形式征求利益相关方的意见，并以适当形式反馈。核设施所在地省、自治区、直辖市人民政府应当就影响公众利益的重大核安全事项举行听证会、论证会、座谈会，或者采取其他形式征求利益相关方的意见，并以适当形式反馈。"此外，公民、法人和其他组织有权对存在核安全隐患或者违反核安全法律、行政法规的行为，向国务院核安全监督管理部门或者其他有关部门举报。

由此可将现行法律规定的公众参与划分为三种类型。

（1）一般的征求意见。包括问卷调查、论证会、座谈会，或者采取其他形式征求利益相关方的意见。

（2）听证。现行法律并未界定听证的概念，但将其与其他征求意见方式并列，可知其独立存在的意义。听证在我国《行政许可法》中有明确规定。第一，该法明确了行政听证的范围。《行政许可法》第 46 条规定："法律、法规、规章规定实施行政许可应当听证的事项，或者行政机关认为需要听证的其他涉及公共利益的重大行政许可事项，行政机关应当向社会公告，并举行听证。"第二，确立了行政案卷排他原则。行政案卷排他原则是指行政机关作出行政决定应以听证笔录为依据，听证笔录未经听证参与人质证和辩论，不能作为定案的依据。这一制度是《行政许可法》在听证制度方面的一大创新。

（3）行政举报。行政举报的目的在于通过公众参与协助行政机关及时发现违法线索并对违法行为进行查处。

除以上类型外，居民投票亦是公众参与的一种重要形式。在韩国，居民投票是解决核电站选址与设置问题上重大意见分歧的手段。如果居民对核电设施的设置表达强烈的反对意见，解决办法之一是以核电设施设置地区周边居民为对象，就是否设置核电设施举行投票。居民投票的依据是韩国的《居民投票法》，核电设施的设置属于国家政策制定的事项范围。该法第 8 条第 1 项规定，中央行政机关的长官认定必要时，为了听取关于地方自治团体的废置、分合或者变更，地区主要设施的设置等国家政策制定的居民意见，得指定居民投票的举行地区，并要求地方自治团体的负责人举行投票。但在作出居民投票决定前，中央行政机关长官应当与行政安全部部长进行协商。基于居民投票来作出核电设施的设置决定的正当性受到质疑，有韩国学者即主张，核电设施的设置应当考虑安全性与经济性，而由居民投票决定核电设施用地并非最佳手段。①

域外的公民投票不仅运用于宪法修改、法律案复决、重要的政治决定等，还可针对核电监管中的重大决策。如 2017 年 5 月 21 日瑞士举行全民公投，最终以 58.2% 的支持率通过了新能源法案，提出禁止新建核

---

① 参见朴均省《韩国核能安全管制体系》，朴裁亨译，载台湾地区能源法学会编《核能法体系（一）——核能安全管制与核子损害赔偿法制》，（台北）新学林出版股份有限公司，2014，第 199～200 页。

电站。[1] 保加利亚于 2013 年 1 月 27 日的公投结果，显示 61% 的公众投票支持新建核电站。[2] 公民投票在我国既缺乏宪法根据，也不具有法律基础。实质上，公民投票已经超越了行政法意义上的公民参与，属于政治权力的行使。"咨询性公投已开启人民参与国家意志形成的途径，人民的投票行为实际上已构成国家权力运作的参与，可谓以主动身份（status activus）参与国家权力运作的一环，而非单纯地行使其诸如言论自由或请愿等基本权利。"[3] 而且，德国、美国等国家的公投还须通过违宪审查制度加以制衡，以避免公投进行对基本权利造成侵害。[4] 因而本书探讨的核电站安全规制过程中的公众参与，不包括公民投票等宪法意义上的政治参与。

## 二 核电站安全规制中公众参与的依据

迄今为止，核与辐射安全公众参与管理办法仍然付之阙如，公众参与的范围、环节、程序、具体形式与监督还有待制定细则明确。核电站的安全规制涉及决策阶段、选址阶段、建造阶段、运营阶段与退役阶段。《核安全法》在相关规定中并未体现公众参与的机制。决策阶段涵盖法规、规划、标准与政策的制定，而其他阶段涉及规划、许可、检查、处罚等具体行政行为。在《核安全法》以外，核电站安全规制中的公众参与主要有如下规定。

（1）行政决策中的公众参与。行政立法的听证制度已在立法中得到明确规定。《中华人民共和国立法法》（以下简称《立法法》）第 74 条规定："行政法规在起草过程中，应当广泛听取有关机关、组织、人民代表大会代表和社会公众的意见。听取意见可以采取座谈会、论证会、听

---

① 参见王树、伍浩松《IEA 报告指出　弃核将使瑞士能源供应安全面临挑战》，《国外核新闻》2018 年第 11 期。

② 参见常冰《保加利亚公投 "支持" 核电》，《国外核新闻》2013 年第 3 期。

③ 参见 BVerfGE 8, 104, https://servat. unibe. ch/dfr/bv008104. html，最后访问日期：2022 年 11 月 7 日。

④ 参见吴志光《公民投票与司法审查》，《辅仁法学》总第 24 期（2002 年）。

证会等多种形式。"依据该法制定的《行政法规制定程序条例》（2017年修订）第 13、22 条和《规章制定程序条例》（2017 年修订）第 15、16、23 条分别规定了听取意见程序。制定行政法规和行政规章，应当深入调查研究，总结实践经验，广泛听取有关机关、组织和公民的意见。听取意见可以采取召开座谈会、论证会、听证会等各种形式。尽管行政立法过程中听取意见程序已法定化，但对于何种情形下应当采取听证制度，现行法律没有提供明确答案，这也导致听证制度在行政立法领域的实际功效不尽如人意。实践中，主管机关通过信息公开征求意见的方式较为普遍，听证程序鲜见适用。[①]

（2）行政许可中的公众参与。核电行政许可涵盖选址、建造、运营与退役等不同阶段，相关的公众参与规定可见于《行政许可法》《核动力厂、研究堆、核燃料循环设施安全许可程序规定》等法律规范中。

首先，适用《行政许可法》中公众参与的一般规定。目前《行政许可法》中的公众参与包括听取利害关系人意见和听证。听取利害关系人意见是指行政机关对行政许可事项直接关系他人重大利益的，应当告知该利害关系人并听取申请人、利害关系人的意见。听证是指对于法律、法规、规章规定实施行政许可应当听证的事项，或者行政机关认为需要听证的其他涉及公共利益的重大行政许可事项，行政机关应当向社会公告，并举行听证。

其次，适用核电站许可程序的特别规定。广义的公众参与目前存在三种形式。

其一，专家参与，包括技术审查与专家咨询。依据《核动力厂、研究堆、核燃料循环设施安全许可程序规定》第 22 条，"国家核安全局组织安全技术审查时，应当委托与许可申请单位没有利益关系的技术支持单位进行审评。……在进行核设施重大安全问题技术决策时，应当咨询

---

① 参见国家核安全局意见征集栏目，国家核安全局网站，http://nnsa.mee.gov.cn/hdjl/yjdc/index_1.html，最后访问日期：2020 年 5 月 8 日。

核安全专家委员会的意见"。

其二，相关行政机关的参与。依据《核动力厂、研究堆、核燃料循环设施安全许可程序规定》第23条，"国家核安全局审批核设施建造、运行许可申请以及核设施转让或者变更核设施营运单位申请时，应当向国务院有关部门和核设施所在地省、自治区、直辖市人民政府征询意见"。

其三，一般的公众参与。《核安全法》虽然课以核设施营运单位与核设施所在地省、自治区、直辖市人民政府就影响公众利益的重大核安全事项征求利益相关方意见的义务，但仍有待下位法进一步明确，包括界定重大核安全事项、利益相关方等概念，规定征求意见的方式选择，确定利益相关方的意见如何影响行政许可决定等。

除此之外，环境影响评价许可贯穿于核电站的选址、建造、运行和退役等不同阶段，公众参与属于环境影响评价许可必须履行的程序。《中华人民共和国环境保护法》（以下简称《环境保护法》）第56条规定："对依法应当编制环境影响报告书的建设项目，建设单位应当在编制时向可能受影响的公众说明情况，充分征求意见。负责审批建设项目环境影响评价文件的部门在收到建设项目环境影响报告书后，除涉及国家秘密和商业秘密的事项外，应当全文公开；发现建设项目未充分征求公众意见的，应当责成建设单位征求公众意见。"《中华人民共和国环境影响评价法》（以下简称《环境影响评价法》）第21条还规定了一般公众参与的形式："除国家规定需要保密的情形外，对环境可能造成重大影响、应当编制环境影响报告书的建设项目，建设单位应当在报批建设项目环境影响报告书前，举行论证会、听证会，或者采取其他形式，征求有关单位、专家和公众的意见。建设单位报批的环境影响报告书应当附具对有关单位、专家和公众的意见采纳或者不采纳的说明。"生态环境部颁布的《环境影响评价公众参与办法》（2019年实施）第32条进一步明确"核设施建设项目建造前的环境影响评价公众参与依照本办法有关规定执行"。在实践中，生态环境部根据技术审评单位审评意见、核安全与环境专家委员会咨询意见、地方环保部门和行业主管部门的意见，作出审批决定。[①]

至于行政处罚、行政检查等行为的作出过程中，由于行政相对人不能归入公众的范围，行政相对人的参与不能视为公众参与。迄今为止，我国尚未针对核电站安全规制中的公众参与制定专门的法律或规范性文件，环境保护部于 2008 年曾就《核电厂环境影响评价公众参与实施办法（征求意见稿）》向中国核工业集团公司、中国广东核电集团公司与中国电力投资集团公司征求意见，但此后无下文。2015 年发布的《环境保护部（国家核安全局）核与辐射安全公众沟通工作方案》提出"将公众沟通工作的基本要求写入《核安全法》"，但最终并未如愿，《核安全法》只是在第 67 条中规定了核设施营运单位开展核安全宣传活动的具体要求，与公众沟通的本质和要求仍然有一定的距离。风险沟通并不仅是宣传与科普，"公众需要科普，但是我们不能把公众只当作科普的对象，他们还是参与的主体"。[②] 可见，公众参与虽然在我国具有相应的法规范依据，但制度层面上仍然存在功能不清晰、细则不明确的问题，在核电站安全规制的实践中没有发挥应有的作用。

## 第二节　公众参与在核电站安全规制中的功能与内容

### 一　公众参与在核电站安全规制中的功能

公众参与在核电站安全规制中的功能包括强化风险沟通、保障科技

---

① 参见《核设施、铀（钍）矿环境影响评价文件的审批》，国家核安全局网站，http://nnsa. mee. gov. cn/ywdh/hrlxhss/201606/t20160606_354078. html，最后访问日期：2020 年 5 月 11 日。

② 胡春玫、董泽宇：《直面核电公众沟通对核电发展的影响》，https://news. bjx. com. cn/html/20150702/636988. shtml，最后访问日期：2021 年 11 月 7 日。

理性的多元化以及赋予公众对风险接受的选择权。

**（一）风险沟通的强化**

公众参与在核电站安全规制中的首要功能在于风险沟通，减少邻避效应的发生。邻避效应（Not-In-My-BackYard，NIMBY）是指居民或所在地单位因担心建设项目对身体健康、环境质量和资产价值等带来诸多负面影响，从而激发人们的嫌恶情结，滋生"不要建在我家后院"的心理，以及采取强烈和坚决的、有时高度情绪化的集体反对甚至抗争行为。近年来，我国核设施建设引发邻避效应的案例不少，选择具有代表性的两则如下。

**案例1** 2010年6月14日，香港媒体报道深圳大亚湾核电站"发生历年来最严重的核泄漏事故，辐射泄漏已严重威胁附近居民的生命安全"，由于大亚湾核电站毗邻香港，离香港直线距离45公里，报道迅速"点燃"香港和内地民众的恐慌情绪。2010年6月16日，国家核安全局与中广核集团立即向媒体通报了这起事件：二号机组反应堆中的一根燃料棒包壳出现微小裂纹，但影响仅限于封闭的核反应堆一回路系统中，放射性物质未进入环境，因此未对环境造成影响和损害。此次事件除在港深两地引起不小的恐慌情绪外，还"点燃"了一些在建或拟建核电站地方的民众的恐慌情绪。拟建的信阳核电项目的业主单位同样也是中广核集团，当地民众一直以来的担忧被大亚湾事件激发，最具代表性的反建理由是：信阳的特产毛尖茶叶会因为长在核电站附近而不被市场接受，而当地水源地也将受到高辐射的污染。①

**案例2** 广东省江门市鹤山市在与超过40个地方政府激烈竞争的情形下，于2013年获得投资近400亿元的核燃料加工厂项目。从当年7月4日江门市发改局发布《中核集团龙湾工业园项目社会稳定风险评估公

---

① 参见孟登科《核电恐慌》，《南方周末》2010年7月1日，第C19版。

示》征求公众对该项目的意见起，民众的反对声音即在网络上迅速发酵，网上的"核担心"逐渐升级为"核危机"。据时任中核集团副总经理李季科所言，核燃料工厂不是核电站，没有辐射很强的 X、β 等射线，而且厂房实行封闭式管理，万一发生泄漏，影响范围也不会超过 300 米。但"心理恐惧的危机来得更加直接，并不是项目的安全性"。[①]

由上可见，信息的不对称、公众专业知识的缺乏、对核电的恐慌情绪，都会影响公众的行为与参与。核能和平利用以来，世界上发生严重核事故的案例虽然不多，但对公众生命健康、财产以及环境带来的损害呈现出规模大、程度高与影响范围广的特点，这难免会使公众"谈核色变"。加上核电利用的专业性强，公众掌握的信息不对称更是可能加剧其恐慌情绪。在利益分配上，核电项目的公益性与对周边居民带来的反射利益（如财产贬值、对产业的损害以及潜在的风险）形成反差，这也就不难理解核电站项目带来的邻避效应。而公众参与通过信息公开、风险沟通以及公众意见的表达，能在一定程度上减少这种情绪的扩散。

核电站安全规制中的公众参与显然不能局限于邻避效应的治理，缓和核电项目建设者、规制者与公众之间的紧张对立关系，更是应当通过公众意见的表达来对风险决策进行优化。围绕风险决策存在两种截然对立的观点：一种观点主张在因果关系明确的前提下，充分的科学证据是确立规制正当性的基础，风险决策应当与科学证据紧密相连，进而排除科学以外的因素；另一种观点则质疑科学的实际效用，并对科学的客观中立持保留的立场，认为公众意见应当纳入风险决策的过程中，即风险判断应当是主观的而非客观的。[②] 纯粹技术主义的立场显然忽视了风险沟通在风险决策中的积极意义。"风险沟通的本质是在多方对话的过程中求取一个利害关系各方均可接受的交集或共识，并保持调整此交集区

---

① 参见林洁《江门核燃料项目在民意中搁浅》，《中国青年报》2013 年 7 月 13 日，第 3 版。
② 参见凯斯·R. 孙斯坦《风险与理性——安全、法律及环境》，师帅译，中国政法大学出版社，2005，第 66~67 页。

范围的弹性，而非政策决定后就无可能更改。"① 风险决策本质上是在认知有限的情境下，对未来采取的措施作出抉择，如果缺乏公众参与，其正当性便大打折扣，公众便可能降低甚至失去对规制机关所作决策的信任感。

在知识、心理与利益等多重因素的影响下，民众对风险的感知存在错误理解风险、夸大风险或疏忽风险等情形。其一，对风险的错误理解。公众对风险的感知往往不是建立在专业知识的基础上，而是受到媒体宣传影响，因而可能发生理解偏差。其二，对风险的夸大。根据斯洛维奇（Paul Slovic）在《科学》（Science）上所发表的《风险的认知》一文的研究，核事故的发生和媒体对事故的广泛宣传可能导致民众对风险的认知放大。事故（核事故、污染）发生对大众风险认知产生的影响远远大于事故造成的直接危害。② 在"风险的社会放大"的框架下，大众对核风险的担忧来自对核风险的直觉判断，而在核电站发生了灾难性事故后，其风险在社会传播的过程中被"放大"。③ 其三，对风险的疏忽。人们面对核电风险时，不会第一时间从科学上是否可信的角度判断核电项目是否安全。人们利用自己的"收益—风险相关性"和所处的社会地位判断该项目是否与自身相关，然后再决定他们是否需要掌握一定的相关知识去维护自己的利益。④ 因此，风险与利益的置换与计算，也可能使公众对风险的感知有所淡化。

**（二）科技理性的多元化保障**

公众参与手段的运用，可以尽可能避免核电站安全规制中科技理性

---

① 许耀明、谭伟恩：《风险沟通在食安管理中之必要性：以狂牛症事件为例》，《交大法学评论》总第 1 期（2017 年）。

② Paul Slovic, "Perception of Risk," Science 236(1987)：280 – 285.

③ 方芗：《中国核电风险的社会建构——21 世纪以来公众对核电事务的参与》，社会科学文献出版社，2014，第 24 页。

④ 方芗：《中国核电风险的社会建构——21 世纪以来公众对核电事务的参与》，社会科学文献出版社，2014，第 96 页。

的不足。面对核电规制的专业性问题，专家的判断难免存在分歧。举例而言，德国弗莱堡（Freiburg）行政法院在"乌尔（Wyhl）核电站案"的审理中，围绕废热排放对环境造成的影响、放射性物质对环境的影响以及反应堆安全等共计 100 个问题，听取了 53 名专家的意见，这些专家意见甚至相互矛盾。此外还接受了大约 50 份来自不同专业领域的书面鉴定，这些专业领域涉及核安全技术、放射学、地理学、气象学与水文学等。① 公众参与恰好提供了一个让多元科技理性表达声音与讨论的平台，从而避免由单一的科技理性来进行决定。亦因此，公众参与着眼于科技理性的多元化，参照德国《基因技术规制法》第 10 条的规定，如果行政机关的许可决定偏离专门委员会的意见，应当作出书面文件说明理由，并听取其他相关机关的意见。②

有学者认为，普通大众和专家拥有不同的风险知识，这两种知识应该受到平等的重视，有关"牧羊人"的研究即是例证。1986 年切尔诺贝利核电站事故发生后，放射性物质对英国境内威尔士的羊群产生辐射。科学家通过一系列的实验证明，受辐射的羊群可以在 6 周内代谢掉体内的辐射物质。建立在这一系列科学研究的基础上，英国政府强制牧民延迟出售羊毛和羊奶，然而在此后的 6 年甚至是更长的时间内，一部分羊还是无法代谢体内的核辐射物质。在这个事件中，当地牧民的生活和生产经验被忽视了，他们对风险和科学的认知没有被重视。③ 可见，公众基于经验的知识在核电站安全规制中的作用同样不可忽视。

---

① 数据来源于 Bernd Bender, "Verwaltungsrechte im Spannungsfeld zwischen Rechtsschutzauftrag und technischen Fortschritt," *Neue Juristische Wochenschrift* 1978, S. 1949。

② 参见 "Gesetz zur Regelung der Gentechnik"，德国联邦司法部网站，http://www.gesetze-im-internet.de/gentg/，最后访问日期：2021 年 3 月 27 日。

③ 参见方芗《中国核电风险的社会建构——21 世纪以来公众对核电事务的参与》，社会科学文献出版社，2014，第 24 页。

### （三） 赋予风险接受的选择权

核电科技认知的不足导致绝对安全（zero-risk society）难以实现，因而核电站规制的决定不全然是科技理性的体现，或多或少会包含对未来选择的价值判断。个体之间基于所关涉的个人利益、认知水平等不同，在风险感知上会产生差异。"剩余风险的决定过程便成为多种不同的利益与风险接受程度相互冲突协调的过程。"[1] 除了风险调查与风险评估，公众参与也是形成风险接受选择的重要途径。

核损害发生的可能性判断，往往涉及众多科学技术领域，如地理学、物理学、化学、生物学、气象学与材料学等，诸多因素相互交叉融合，单一专业领域的专家很难作出判断。且科学技术利用伴随的风险发生，往往既无法肯定也无法否定，不同的专家意见可能截然对立。更何况，损害发生盖然性难以简单地通过概率论获得答案，即使能获知粗略的计算结果，哪些情形下公权力应当启动损害预防程序，哪些应归入剩余风险而由全体社会公众容忍，实非仅凭科学技术知识能予以澄清的。举例而言，为何当损害发生盖然率为 $10^{-7}$/堆年[2]时界定为风险，当损害发生盖然率为 $10^{-8}$/堆年时则排除损害预防，这难以通过科技专业知识得到理性客观的解答。因此将风险界限的确定权完全交给科学专家，实际上掩盖了行政机关的评价空间。

民众的理性与专家的理性一样具有独特的价值。[3] 专家判断拥有更多的专业知识与信息，展示的是一定程度的科技理性。普通民众虽然没有表现出较多的理性，"在许多情况下人们认为某种风险是十分有害的判断并不是一个充分的定性评估，而是由于受到情感的综合作用，部分地源于关

---

① 葛克昌、钟芳桦：《核电厂设立许可与行政程序——风险社会下的人权保障与法律调控》，《军法专刊》2001 年第 3 期。

② 核电站中的一座反应堆运行一年称为一个"堆年"。

③ 参见凯斯·R. 孙斯坦《风险与理性——安全、法律及环境》，师帅译，中国政法大学出版社，2005，第 66～67 页。

于可能事实的不可靠的直觉。该直觉是迅速的，没有统计根据的，甚至常常没有被意识到"。① 尽管如此，但由于科技理性本身的局限性且往往无法顾及价值判断，政府在规制决定的作出上应当容纳民众的风险感受，在涉及价值判断的时候，应由民众而非专家来提供意见。这有利于提高规制决定的公信力与可接受性，并提升公众对核电站安全规制的信任与支持程度。

## 二　核电站安全规制中公众参与的类型化

由于公众参与在核电站安全规制中具有不同的功能，公众参与的主体选择应当进行类型化，具体考察哪些事项应列入风险决策优化的考量中，哪些事项应列入邻避效应治理的考量中。公众参与的类型包括风险沟通、公众评论与听证，其中风险沟通侧重信息与意见的交换与对话，公众评论指公众通过非正式的程序针对规制决策发表意见，而听证则较为正式与严格，一般包括举证、质证、诘问等环节，且听证笔录对规制决策具有一定的约束力。

### （一）风险沟通

核电站的安全规制以科学知识为基础，但以民众意见为基础的风险认知同样不可或缺。核电站安全规制同时蕴含了客观与主观的元素，风险沟通是风险管理的重要组成部分。风险沟通的概念最早出现在学术文献中是在 1984 年，进而引发了自然科学家与社会科学家的相关研究。② 风险沟通属于信息沟通的过程，具有信息与意见交换的双重属性。一个有效的风险沟通应该包括（但不限于）两个重要的构成要件：一是互

---

① 凯斯·R. 孙斯坦：《风险与理性——安全、法律及环境》，师帅译，中国政法大学出版社，2005，第 77 页。

② 参见 William Leiss, "Three Phases in the Evolution of Risk Communication Practice," *The Annals of the American Academy of Political and Social Science* 545(1996): 85 – 94。

动，且可能有一定期间的持续性；二是参与的利害关系方身份多元。[①]由于不同行为者对风险的认知和承受能力有所不同，彼此间的差距就难免左右风险沟通实际的进行与最终结果。举例来说，若参与沟通的行为者数目太多，会增加沟通所需的成本（时间或人力等）与执行难度，因此将不同利害关系方（有时可能是国家）对于风险的认知进行调和，或将一般大众的风险认知与专家的风险评估结合，以减少被管理者对核电科技及其利用的恐惧心理和不理性的反抗，这是风险沟通最主要的功能，也是风险管理成功之关键。

核与辐射安全公众沟通是保障公众环境权益的重要途径，也是持续增强公众对核与辐射安全信心的有效手段，这也是《环境保护部（国家核安全局）核与辐射安全公众沟通工作方案》对核电站规制中风险沟通进行的双重定位。该沟通工作方案意图推进核与辐射安全科普宣传、信息公开、公众参与、舆情应对"四位一体"的核与辐射安全公众沟通理念创新、制度创新和方法创新，有效保障公众的知情权、参与权和监督权。但该沟通工作方案以增强全社会对核与辐射安全的信心为主要目标，在方式上强调科普宣传与舆情应对，对风险沟通的互动性与平等性缺乏足够关注。

风险沟通意味着对话没有门槛或预设立场，也就是让所有与风险有关的利害关系人都能有平等的机会参与沟通过程，包括制造风险的企业、可能受风险波及的居民以及需要对风险进行规制的行政机关。较好的方式应该是，所有利害关系人（或其代表）都得到参与机会且在沟通过程中提出证明自己观点的数据或证据，然后对他人的质疑进行响应与说明。这样的互动沟通方式才能切实增进利害关系人彼此的了解，进而增加对信息质量的信任度。风险沟通的核心关切在于沟通过程中利害关系人围绕所在

---

① 许耀明、谭伟恩：《风险沟通在食安管理中之必要性：以狂牛症事件为例》，《交大法学评论》总第 1 期（2017 年）。

乎的事项，有没有公平地获得重视及对话的机会。风险沟通不在于消除核电站安全规制中的种种分歧，而是通过信息交流与平等对话，提高民众对核电项目及其规制的接受度，减少风险的负面效应与主体之间的对抗。

### （二）公众评论

在美国，核电站安全规制中的公众参与分为公众评论（public comment）与听证（hearings）两种形式。[①] 公众评论适用的情形包括：公众可以在核电许可的各个阶段向美国核能规制委员会发表意见。在许可决定作出前，核能规制委员会应通过联邦公报、新闻报道和当地公告通知公众已收到行政许可申请。针对所有反应堆许可（包括运行许可的变更或延长）的公众评论或听证通知，都应当在联邦公报上发布。如果对地方利益影响较大，核能规制委员会可以在拟建核设施附近举行公众会议（public meetings）。公众会议通知可以邮寄给公民团体以及社区中的民众和政府负责人，也可以在当地报纸上刊登。在核电站建设前的环境影响评估中，座谈会（scoping meetings）是公众参与的重要形式，仅在受核电站建设影响的区域附近举行，以提供公众表达意见的平台，进而为核能规制委员会审查环境影响报告（environmental impact statement）提供参考。参加座谈会的主要包括州和地方机构、印第安部落或其他申请参加的利害关系人。

我国立法未采取公众评论的概念，《核安全法》第 66 条规定的问卷调查、论证会、座谈会或者采取其他形式征求利益相关方的意见，都可以归入公众评论的范围。公众评论与听证不同，无须提供证据并进行质证，公众的意见仅作为核电站安全规制的参考，行政机关以适当方式进行反馈即可，规制决定并不受到公众意见的直接拘束。在适用范围上，公众评论既涉及核电规制的法规、规划、标准与政策的制定，也涉及核

---

① 参见 Public Involvement in Licensing，美国核能规制委员会网站，https://www.nrc.gov/about-nrc/regulatory/licensing/pub-involve.html，最后访问日期：2020 年 2 月 20 日。

电站选址、环境影响评价与监督检查等阶段。

以环境影响评价为例，根据 2019 年实施的《环境影响评价公众参与办法》第 5 条，"建设单位应当依法听取环境影响评价范围内的公民、法人和其他组织的意见，鼓励建设单位听取环境影响评价范围之外的公民、法人和其他组织的意见"。就核电站建设而言，堆芯热功率 300 兆瓦以上的反应堆设施和商用乏燃料后处理厂的建设单位应当听取该设施或者后处理厂 15 公里半径范围内公民、法人和其他组织的意见；其他核设施和铀矿冶设施的建设单位应当根据环境影响评价的具体情况，在一定范围内听取公民、法人和其他组织的意见。大型核动力厂建设项目的建设单位应当协调相关省级人民政府制定项目建设公众沟通方案，以指导与公众的沟通工作。以上针对的是依法应当编制环境影响报告书的建设项目，针对编制环境影响评价报告表的项目，如核电机组的换料项目，公众参与并非强制性的程序义务。[1]

实践中，核电站项目环境影响评价中的公众参与一般采取公众调查、座谈会以及通过报纸、网站等平台向社会公开征求意见的方式。如中广核浙江三澳核电厂一期工程环境影响评价的过程中，建设单位发放了问卷调查并召开了公众座谈会，征集各方意见建议；该阶段利用报纸、网站进行了 2 次公告，广泛征求了社会意见，并对公告期内的公众咨询进行了答复。[2] 依据其环境影响报告书，该案例中的公众参与具有如下特征。[3]

（1）公众参与对象的选取。选取受调查公众时，充分注重公众数量和职业构成，以及调查范围的代表性和随机性。同时注重广泛性和侧重

---

① 参见《生态环境部关于 2019 年 12 月 25 日拟作出的建设项目环境影响评价文件审批意见的公示（核与辐射）》，生态环境部网站，http://www.mee.gov.cn/ywdt/gsgg/gongshi/wqgs_1/201912/t20191224_749885.shtml，最后访问日期：2020 年 5 月 9 日。

② 参见《生态环境部关于 2020 年 4 月 2 日拟作出的建设项目环境影响评价文件审批意见的公示（核与辐射）》，生态环境部网站，http://www.mee.gov.cn/ywdt/gsgg/gongshi/wqgs_1/202004/t20200402_772550.shtml，最后访问日期：2020 年 5 月 9 日。

③ 参见《中广核浙江三澳核电厂一期工程环境影响报告书（选址阶段）》，生态环境部网站，http://nnsa.mee.gov.cn/ywdh/hdc/hdczhxx/201611/P020161108389123745753.pdf，最后访问日期：2020 年 5 月 9 日。

性相结合，既有政府职能部门人员，也有军人、普通群众和企业员工，还特别关注厂址近区利益相关人员，如土地被征用的公众、厂址附近的村民与养殖户等。既考虑距厂址较远区域的公众，又考虑厂址近区利益相关人员，重点关注可能受项目建设直接影响或间接影响的公众。该次环境影响评价公众参与的问卷调查范围覆盖了所有可能受项目建设直接影响或间接影响的公众，个人样本数量达到 760 个，重点关注距离较近的居民、工作人员，并征求了渔寮景区、蒲壮文保所等 73 家温州市、苍南县所属政府部门及企事业单位意见，因此公众参与具有广泛性，代表性也较高。座谈会代表的选取充分注重广泛性、代表性和参与性，邀请了温州市和苍南县政府部门代表，福鼎市代表，各行业人士代表，厂址附近居民及征地、渔民等利益相关方代表等 62 人参加。此外，信息公示利用《温州日报》、温州市政府网和建设单位网站及厂址附近村（三澳村、长沙村、南坪村、大坑村等）村委会公告栏等渠道进行，其受众具有广泛性和随机性。可见，公众参与的对象选取较为广泛且具有一定的代表性。建设单位在调查对象的选取上占有主导地位，也暴露出了公众参与的被动性问题。

（2）公众参与的效果分析。信息公示期间，得到了 5119 名公众的关注，收到了 8 次公众的反馈意见，咨询核电厂建设对其的影响，所涉公众分布于城镇和乡村，其中 2 次电话咨询、5 次现场咨询、1 次邮件咨询。报告全文公示期间，网站点击量共计 413 人次，其间电话、公司邮箱、传真等咨询平台均未接到公众的意见和建议。可见，公众对核电建设项目回应及参与的积极性并不高。公众主要关心核电厂建设对生产生活的影响及安全性，且有的还积极寻求更正式的公众参与方式，如提出："三澳核电一期工程都采取了哪些环境保护措施？我不知道您的措施是哪些，我又如何提意见和建议呢？我心中对安全的疑虑又如何打消呢？""因该村部分村民世代以海为生，在核电建设中要求参加听证或其他形式类似的会议，是否合理？"建设单位的信息反馈则集中于如何改善当地经济、加强科普宣传和信息公开以消除公众的恐惧心理、减少对周边海域生态环境和渔业资源的影响，相对比较笼统且缺乏足够的针对性。总的来说，围绕核电站安全与环境保护的正面交锋匮乏，公众尚难以借助专业知识与证据有效地参与核电站的规制过程。

（三）听证

相较于公众评论，听证程序则更为严格。美国核电公众参与中的听证包括正式听证与非正式听证两种形式。正式听证是指行政机关作出决定前，应依法保障利害关系人提出证据反证、对质与诘问证人的权利，并基于听证笔录作出决定。因利益受到行政程序影响的任何人在规定期限内，均有权以书面形式申请参加听证。而非正式的听证仅给予利害关系人口头或书面陈述意见的机会，供规制机关参考，听证记录不具有对行政机关的拘束力。就核材料与核燃料设施许可而言，大多数听证会都是非正式的。与此同时，我国针对核电规制中正式听证的程序适用缺乏具体规定，实践中几乎未予落实。

美国 1954 年《原子能法》规定了核电许可的听证程序。建造许可决定过程伴随着强制性的听证义务，而运营许可阶段则只是由规制机关提供听证的机会。建设许可与运营许可的听证由 3 名委员组成的原子能安全和许可委员会（Atomic Safety and Licensing Board，ASLB）组织进行，该委员会包括 2 名技术人员（通常是核能工程师与环境专家）与 1 名律师，后者是委员会的主席。听证程序采用基于联邦民事诉讼规则的审讯型听证，参加听证程序应当满足特定的资格与实质性要求。其程序包含了提供书面证据、证人发表证言、交叉询问（cross-examination）等环节。对该委员会在听证后作出的决定还可进一步向申诉委员会（Atomic Safety and Licensing Appeal Board，ASLAB）申诉，后者对前者的决定进行监督与审查，以防止法律错误（legal error）发生。①

---

① 参见 Albert V. Carr, "Licensing and Regulation of U. S. Nuclear Power Plants," in Charles D. Ferguson and Frank A. Settle eds. , *The Future of Nuclear Power in the United States*, Federation of American Scientists, 2012, pp. 46 – 56。

1989 年美国核能规制委员会将两阶段许可程序合并后，听证程序也随之统一。在"核信息与资源服务组织诉美国核能规制委员会案"中，当事人主张，核电站许可程序合并导致核电站建设后的听证不构成有效听证，因其依赖于核电站建设许可作出前的听证会。但哥伦比亚地区巡回上诉法院基于"谢弗林测试"，主张合并听证程序的行政规则属于法律框架内的合理决定。[①] 改革后的公众参与程序具体体现为以下几个方面：其一，针对核设施选址许可（early site permit）的申请必须组织公开听证；其二，核设施的设计认证（design certification）应当公开进行，公众参与采用"通知与评论"（notice and comment）程序；其三，混合许可（Combined License，COL）强制要求进行公开听证。

在 20 世纪 80 年代前，美国核能规制方面所采用的听证程序属于正式的审判式对抗程序（trial-type adversarial procedures），由于反核情绪的持续高涨，核电许可程序在实践中显示出拖沓、成本高昂与争议较大的问题，一直备受诟病。核能规制委员会试图提供一个更有效的听证程序来增强公众参与，于 1989 年在保留正式审判式对抗程序的基础上，对相关程序规则进行了优化，包括进一步明确申请人的听证主张，加强双方的有效争论，以避免争论的模糊以及将听证沦为缺乏针对性的异议。核能规制委员会于 2004 年进一步修改听证规则，通过消除传统审判式听证的某些要素来简化听证程序。这是因为，"针对核电站许可中出现的复杂技术争议，审判型对抗程序并不总是必要的，甚至不是特别有用。此外，考虑到参加听证的成本以及需要丰富的法律经验支持，正式的审判式听证可能会阻碍公众参与"。[②] 因而除了高放射性核废料贮存设施的许可，核电站的选址许可、混合许可不再适用严格的审判式听证，而是通过强制性的信息与文件公开（mandatory disclosures）来代替询问

---

① 参见 969 F. 2d 1169( D. C. Cir. 1992)。

② David A. Repka and Kathryn M. Sutton, "The Revival of Nuclear Power Plant Licensing," *Natural Resources & Environment* 19(2005)：44.

（interrogatories）与交叉诘问，从而提高听证的效率。

受到核能规制委员会许可或执法活动影响的个人或组织有权申请参加听证，并在申请时应当举证证明其可能受到不利影响。听证程序也更加灵活且具有弹性，个人或组织参与核能规制委员会听证的方式，存在三种类型：（1）全面参加听证程序并请求干预，有权对所有直接证词进行交叉诘问；（2）出席听证会，直接陈述意见；（3）以书面形式陈述意见，并得记入听证记录。① 可见，即便是较为正式的听证程序，仍然可以根据听证的形式与效果进行类型化。

我国尚未有专门针对核电项目的听证办法，与此关系最密切的是2004年实施的《行政许可法》与《环境保护行政许可听证暂行办法》。依此，环境保护行政许可适用听证的范围包括：（1）按照法律、法规、规章的规定，实施环境保护行政许可应当组织听证的；（2）实施涉及公共利益的重大环境保护行政许可，环境保护行政主管部门认为需要听证的；（3）环境保护行政许可直接涉及申请人与他人之间重大利益关系，申请人、利害关系人依法要求听证的。2016年，酝酿8年的《核电管理条例（送审稿）》向公众征求意见，但至今未能出台。该送审稿规定，对于国家核电发展规划的编制、核电厂的选址、核电项目的核准或审批以及其他涉及公共利益的重大事项，具有管理权限的行政机关应当采取论证会、听证会、公示或者其他方式征求公众的意见。② 至于公众参与的主体、内涵、程序、适用情形、权利与效果，仍然缺乏明确规定。

即便依据《行政许可法》，申请人、利害关系人可对拟作出的行政

---

① Public Involvement in Hearings，美国核能规制委员会网站，https：//www. nrc. gov/about-nrc/regulatory/adjudicatory/hearing. html#participate，最后访问日期：2020 年 9 月 5 日。
② 参见新华社《核电管理条例公开征求意见 落实企业主体安全责任》，中央人民政府网站，http：//www. gov. cn/xinwen/2016 – 09/20/content_5109724. htm，最后访问日期：2020 年 9 月 5 日。

许可要求听证，但根据笔者掌握的有限资料，国家核安全局也从未依职权主动组织过核电项目的听证。就建设单位在环境影响评价编制过程中组织的公众参与而言，由于《环境保护法》第 56 条及《环境影响评价法》第 21 条均未将听证作为唯一的公众参与方式，听证在实践中往往不被采纳。如中广核浙江三澳核电厂一期工程环境影响评价的过程中，针对"因该村部分村民世代以海为生，在核电建设中要求参加听证或其他形式类似的会议，是否合理"的咨询，建设单位的反馈是"根据环境影响评价相关规定要求，县政府将按计划召开环评座谈会，届时将邀请相关代表参加"，[①] 强调的是公众参与方式的选择不违反相关规定。可见，听证适用的法定情形比较模糊，对于是否运用听证，规制机关及核设施营运单位在个案中享有裁量空间，对此种裁量又缺乏有效监督，导致听证几乎未在核电站规制的过程中得到运用。

# 第三节　我国核电站安全规制中公众参与的完善

核电站安全规制中的公众参与需要明确以下问题：第一，公众参与的主体是谁？公众参与的主体是一般的老百姓还是特定的主体，抑或仅仅指行政相对人？第二，公众参与的权利有哪些以及对核电规制决定产生何种效力？亦即，公众参与是否对行政机关的行政决策和决定产生法律拘束力？还是说公众参与仅仅体现为一种程序性的权利？第三，公众参与的程序未得到保障将产生何种行政法上的法律后果？

---

① 参见《中广核浙江三澳核电厂一期工程环境影响报告书（选址阶段）》，生态环境部网站，http://nnsa. mee. gov. cn/ywdh/hdc/hdczhxx/201611/P020161108389123745753. pdf，最后访问日期：2020 年 5 月 9 日。

# 一 公众参与的主体

公众参与在我国具有宪法上的根据。《宪法》第 2 条规定："中华人民共和国的一切权力属于人民。……人民依照法律规定，通过各种途径和形式，管理国家事务，管理经济和文化事业，管理社会事务。"此外，国务院《全面推进依法行政实施纲要》明确提出要"建立健全公众参与、专家论证和政府决定相结合的行政决策机制。实行依法决策、科学决策、民主决策"。地方立法中亦有相应规定，如《杭州市人民政府重大行政事项实施开放式决策程序规定》第 4 条规定："行政机关、咨询机构、行业协会、中介组织、利益相关主体和人民团体等的代表，市人大代表、市政协委员、专家和其他公民等个人代表，依照本规定参与市政府开放式决策。"无论是人民、公众还是相关代表，这些规范都仅仅提供了参与行政过程的依据，并没有指明具体的参与主体。

在当下中国，核电事务的公众参与主体涉及民间环保组织、地方国家机关、利益相关者与普通民众。其中，民间环保组织与利益相关者在核电规制实践中乃作为普通民众的一部分进行公众参与，民间环保组织的登记、活动与管理在我国受到各种牵掣，对核电规制的影响不甚明显。利益相关者的公众参与在我国核电建设与运营中也面临着诸多障碍。

其一，民众对国家的依赖或者对参与的不信任，导致其参与积极性不足。根据有学者对广东省大埔县核电项目的田野调查，"在许多当地居民的意识中，国家和科学知识是具有神圣感并且与他们的日常生活有一定距离的高高在上的事物。国家是核电安全的有力保障"。[①] 或许，民

---

① 方芗：《中国核电风险的社会建构——21 世纪以来公众对核电事务的参与》，社会科学文献出版社，2014，第 92 页。

众从一开始就认为其参与无法影响核电规制的进程与结果，因而不愿意发表意见。特别是在我国，核电站的建设与运营长期由中核集团、中国广核集团与国家电投三家垄断，即便加上于 2020 年首次控股建设压水堆核电项目的华能集团也只有四家，① 核电行业具有较强的封闭性与政府背景，民众在实践中或多或少会表现出对政府规制的依赖。

其二，知识对风险认知与公众参与的影响。核电站的安全与环境保护涉及核物理、化学、地震、海啸与台风等各方面的复杂知识，专业性强，既可能抑制公众参与的积极性，也会损害公众参与的效果。如在中广核浙江三澳核电厂一期工程环境影响评价的过程中，有民众提出疑问："三澳核电一期工程都采取了哪些环境保护措施？我不知道您的措施是哪些，我又如何提意见和建议呢？我心中对安全的疑虑又如何打消呢？"建设单位的反馈是"三澳核电项目将严格按照环境保护相关法律法规的要求"与"国家环境监管部门将开展环境监管工作"，这使公众参与很难形成有关知识与意见的有效交锋。② 即便建设单位或监管部门提供较为专业的澄清，如介绍"第三代先进压水堆核电技术""地震动峰值加速度 0.05g""次氯酸钠浓度"等概念与原理，公众也几乎无法在知识与技术问题上进行进一步的质疑或提出意见。

其三，个人利益对风险认知的影响。面对核电站建设与运营的问题，个体基于利益计算而在风险认知上存在差异，进而影响公众参与。如根据辽宁红沿河核电厂三、四号机组环境影响报告书，电厂建设单位和环境影响评价单位未收到任何公众对核电站建设的反对意见，公众在问卷调查中提出的意见主要为"考虑多招收当地农民进入场内建设、加强施

① 这四家核设施营运单位的全称分别是中国核工业集团有限公司、中国广核集团有限公司、国家电力投资集团有限公司与中国华能集团有限公司。
② 参见《中广核浙江三澳核电厂一期工程环境影响报告书（选址阶段）》，生态环境部网站，http://nnsa.mee.gov.cn/ywdh/hdc/hdczhxx/201611/P020161108389123745753.pdf，最后访问日期：2020 年 5 月 9 日。

工车辆管理、控制核电厂生活垃圾影响、在核电厂建设和运行中创造宽松和谐的生产生活环境等"，对利益的考量远超过对风险的关注。① 对此，民众针对核电站项目提起的行政诉讼类型还可从侧面提供印证。在北大法宝上，以"核电站"为全文关键词，截止到 2022 年 10 月 22 日，搜索到行政裁判 136 则，除涉及知识产权、劳动纠纷等无关核电站建设与运营的案件外，剩余的几乎都为居民针对核电站建设征地与补偿引发的争议。对于核电站选址周边的居民而言，核电站项目带来的征地补偿、就业机会、配套建设等利益可能淡化甚至抵消他们的风险认知。

核电选址搬迁范围以外的居民对风险与利益的考虑则会有所不同，由于核电站项目带来的利益微不足道，其风险认知可能得到强化。核电站建设单位编制的环境影响报告书表明，公众参与在实践中呈现出普遍支持的态度，如拟建的位于内陆的江西省彭泽县核电站的民意调查显示，当地民众对该核电站建设的支持率达到 96.99%，而该核电站建设却遭到安徽省望江县的强烈反对，后者与彭泽县核电站隔江相望。这个自 2004 年完成核电厂厂址复核工作后便长期处于风口浪尖的项目，至今仍处于建设停滞状态。② 亦因此，普通民众的参与对安全规制的贡献主要不在于提供专业知识，而是通过风险沟通与利益表达形成对核电站决策的制约与监督。

地方政府在我国不享有公法上的请求权，不能如德国的地方自治团体一样针对核电站建设许可提起行政救济。在德国，乡镇或县等地方自治团体如果认为其享有的计划高权（Planungshoheit）受到侵害，对核电站等设施许可具有提起行政诉讼的权利。基于德国联邦宪法法院及学理上的解释，地方自治团体在基本法上享有的地位具有制度保障的功能，地方人民的民意与自主应当受到适度保障。计划高权意味着地方自治团体

① 参见《辽宁红沿河核电厂三、四号机组环境影响报告书（运行阶段）简本》，https://jz. docin. com/p‑1835580311. html，最后访问日期：2022 年 10 月 22 日。
② 参见周夫荣《彭泽核电疑云》，《中国经济和信息化》2012 年第 10 期。

对其辖区内的土地有权自主规划，尽管不能以所辖土地受到财产损害或污染为由提起行政诉讼，但可以基于土地开发规划受到侵害的理由为之。

我国地方政府和人大既非基本权利主体，也非具有公法请求权的自治团体，在核电站项目的参与中不享有制度保障和行政救济权。其参与权来自法律规范层面的确认，或者地方人大、政府组织法的程序安排。前者如《核动力厂、研究堆、核燃料循环设施安全许可程序规定》第23条的规定，"国家核安全局审批核设施建造、运行许可申请以及核设施转让或者变更核设施营运单位申请时，应当向国务院有关部门和核设施所在地省、自治区、直辖市人民政府征询意见"。后者则源于《地方各级人民代表大会和地方各级人民政府组织法》的规定，地方人大代表具有提出议案、质询的权利，有的地方还形成在两会期间召开咨询会的惯例，由来自人大机关、"两院"（法院与检察院）和市政府部门的主要负责人现场"摆摊儿"，接受人大代表询问，[①] 或者应人大代表的请求针对特定事项召开专场咨询会。[②]

我国人大代表在核电站建设中的公众参与既有典型案例支持，也具有参与的正当性与优势。人大代表的书面和口头询问具有多方面优势：其一，人大代表有一定的权利可以参与核电项目的立项过程；其二，人大代表是居住在当地且对当地情况非常熟悉的利益相关者；其三，人大代表能整合各方面的资源，能相对有效地与政府机关、相关专家进行知识与意见的交锋。[③] 实践中，鲜有地方政府针对核电站项目提出异议，江西省彭泽县核电站建设引发的地方政府参与是不可多得的典型案例。

---

① 参见"视点新闻"栏，《中国人大》2017年第3期，http://www.npc.gov.cn/zgrdw/npc/zgrdzz/site1/20170215/0021861abd661a0e5a0f03.pdf，最后访问日期：2022年10月20日。

② 参见陈枫等《韩江上游将建核电站 下游千万人饮水不会受污染》，《南方日报》2007年2月5日，http://news.sohu.com/20070205/n248046438.shtml，最后访问日期：2022年11月7日。

③ 参见方芗《中国核电风险的社会建构——21世纪以来公众对核电事务的参与》，社会科学文献出版社，2014，第83页。

望江县的"反核四老"——汪进舟（望江县委原副书记、县政协主席）、方光文（望江县法院原院长）、陶国祥（望江县人大常委会原副主任、享受国家特殊津贴专家）、王念泽（望江县城乡建设局原局长、华阳镇党委书记），曾旗帜鲜明地反对彭泽县核电站建设而公开发布《吁请停建江西彭泽核电厂的陈情书》，其中明确指出彭泽县核电厂报批造假、人口数据失真、地震标准不符、邻近工业集中区和民意调查走样等问题。在陈情书基础上，望江县政府起草了一份《关于请求停止江西彭泽核电厂项目建设的报告》，该报告在获得安徽省发改委同意后发往国家能源局。① 可见，地方政府与人大在现行宪法与法律框架内，有能力参与核电站安全的规制过程。

## 二　公众参与的权利

在核电站安全规制的过程中，相关主体如何参与以及拥有哪些参与的权利，应当区分具体的情形。其一，在行政行为的作出过程中，行政相对人应当具有获得告知、陈述和申辩的权利，特定情形下还拥有参与听证的权利。其二，在行政立法过程中，如果采取的是非正式的听取意见程序，参与主体是广大社会公众，参与表达意见的方式多种多样，可以通过书面意见、座谈会等方式实现参与。如果行政立法采取正式的听证程序，如何选取参与的公众，应当考虑行政立法的事项、受行政立法影响的程度、相关主体的参与意愿以及相关主体的参与能力等因素。其三，在行政决策过程中，相关的利益主体应当获得参与的权利。如何分配不同利益主体的参与权，需要考虑当事人权益的重要性及与行政决策的相关程度。

核电站项目中的公众参与不仅是被动接受专业知识的过程，还应着眼于风险沟通的实现、科技理性的加强以及科技风险接受性的达成。基于核电站安全规制的特殊性，公众参与形式的完善应当强化公众获得信息的权利，丰富参与决策权的内涵，赋予民众积极的程序请求权，并建构地方政府的同意权。

首先，强化公众获得信息的权利。知情权是公众参与的重要基础与前提，如果相关的信息不全面、不真实，公众参与的有效性就会大打折扣。[①] 与一般秩序行政领域不同，核电站安全规制中的公众参与应当解决相关信息专业性较强的问题。如核电站选址报告、环境影响评价报告中充斥着大量的专业词语，使民众在理解上遭遇困难。这类问题并非肇因于信息不够详尽，而是因为信息缺乏可理解性，亦即表面上信息虽然丰富，但民众不容易判读信息背后的意义，以致公开的信息对公众参与的促进作用有限。信息不仅应当公开，还应当具有可理解性。因此，强化公众获得信息的权利不只在于完善信息公开，还需提高信息的准确性与可理解性，从而为平等讨论与公众参与奠定基础，否则，相关的信息就很容易被数据化，难以形成有效的风险沟通。

因此，公众参与有赖于可理解性信息的公开，并且通过风险沟通确保公众获得参与所需要的资料、知识，设定交流的主要议题。欧盟核安全规制委员会（European Nuclear Safety Regulators Group）在 2011 年制定的核电厂《压力测试规范》中，也特地将"公开透明"原则列为测试程序中的指导原则，甚至针对"公开透明"列出 10 项具体做法，作为欧盟各国参考的规范。这 10 项做法特别要求核电站营运企业应当主动与利益相关方、媒体建立沟通机制，且公开的信息应当通俗易懂，即应当符合 KISS（Keep It Simple but not Stupid，即"要简单，但不是愚民"）原则。[②] 此外，应当确立对信息公开与透明的评估机制，进而为公众获得信息权利

---

① 参见彭峰、翟晨阳《核电复兴、风险控制与公众参与——彭泽核电项目争议之政策与法律思考》，《上海大学学报》（社会科学版）2014 年第 4 期。

② 参见欧盟核安全规制委员会网站，https://www.ensreg.eu/nuclear-safety-regulation/eu-instruments/Nuclear-Safety-Directive，最后访问日期：2020 年 5 月 19 日。

的强化提供参考。

其次，丰富参与决策权的内涵。如果说信息公开与风险沟通是参与的必要前提与基础，参与决策则使得公众参与演变为规制机关与民众共同决策的机制。1998 年于丹麦通过的《奥胡斯公约》（*Aarhus Convention*，其全称为《有关环境事务行政决定程序的信息请求权、民众参与权以及司法请求权公约》），将公民参与具体定义为信息知情权、参与决策权与司法请求权，并视之为环境行政事项的三大核心支柱。参与决策权的核心意在保障公众意见输入核电站规制的决策过程。

再次，赋予民众积极的司法请求权。这种请求权乃从程序意义上而言，是相关当事人请求行政机关启动行政程序的权利。获得告知权是对行政机关提出的当然义务，陈述权和申辩权依赖行政相对人自身的行为即可实现，还有一些程序需要依靠公众或者当事人来启动。这种请求权主要体现在行政活动过程中，基于正当法律程序，行政相对人在特定情形下具有要求举行听证的权利、要求行政机关工作人员回避的权利和要求阅览卷宗的权利等。现有的公众参与主要体现为核电站许可不同阶段环境影响评价中的民意调查、座谈会、咨询会等，民众只是被动地表达意见，却无法实质上影响程序进程，因而使核电站营运单位及行政机关有效回应公众意见的效果受到折损。

最后，建构地方政府的同意权。地方政府与民众是站在第一线面对核电站风险的主体，其参与程度的提高可以有效提升风险预防的能力。由具有相对独立性的地方政府成立核能监管机构，或者赋予地方政府在核电站规制决策中的同意权，有望弥补中央层级核电规制组织不独立的缺陷。在美国，地方政府由于拥有规划权与一些许可的颁发权，因而拥有对核电站的"间接禁制力"。[①] 美国自 20 世纪 70 年代开始，各地方政

---

① 参见陈颖峰《地方问责与核能安全治理：以新北市核能安全监督委员会为例》，《民主与治理》2017 年第 2 期。

府已利用这些权力大幅度拖延核电站的发展，而近年来地方政府亦通过制定放射线残留标准、核电许可延续的批准权以及制定民众参与规范，逐渐导致核电站失去市场竞争力从而退出市场。

有些国家（如瑞典与日本）则直接通过法律，授予地方政府对核能设施设置与重启的同意权。随着日本国内反核声音和力量的增强，核电重启还将面临更多的法律风险。通过审查后的机组是否重启、何时重启，从法律上来说完全由核电业主自行决定，但重启程序规定必须由核电站与当地自治体签订原子力安全协定，这意味着重启事实上要经过核电站所在地的地方政府同意。而且根据《原子力灾害对策特别措施法》，地方政府有义务和责任在核电站 30 公里半径内制定"地区防灾计划"。[①]

在我国，只有省级政府在核电站许可中才享有法定的意见表达权，且仅体现于核电站许可的内部程序中。特定的核电规制事项如核电站选址意见的作出，应当将拟建核电站所在地的地方政府同意作为前提条件。

---

① 参见周杰《日本核电重启之路还能走多远?》，《中国能源报》2018 年 1 月 15 日，第 7 版。

# 第六章

# 核电站安全规制的司法审查

核电站安全规制需要面对政府、核设施营运企业、公众以及司法机关之间错综复杂的关系，加上核电规制的复杂性、预测性与专业性，核电站规制引发的行政诉讼应当在原告资格与司法审查两个主要争议问题上作出积极回应，进而发挥司法在核电站安全规制中的监督功能与作用。

核电站的行政诉讼具有以下特征。其一，核电站诉讼中的被害人往往是潜在的，一般由核电站周边的居民或者相关利益团体针对核电站许可提起行政诉讼。损害一般未实际发生，法院往往需要对核电站项目在未来是否可能发生损害进行预测。其二，核电站诉讼中的原告资格认定比较困难。在坚持主观公权利的法律体系下，核电站周边的居民是否拥有针对核电站许可的主观公权利，往往具有争议。且由于核电站损害风险具有不确定性，核电站周边多大范围内的居民可能受到规制行为侵害，给诉讼救济提出了棘手难题。其三，核电站许可的高度专业性给司法审查带来挑战。核电站放射线辐射与产生的损害之间是否具有因果关系，很难证明。核电站许可的条件是否满足，是否达到了法定的安全程度，难以脱离科学与技术的专业判断，而法官一般只是法律方面的专家，面对核电站相关的行政行为所要处理的科技专业问题，存在知识能力的不足。法院既要保持司法谦抑，又须承担起宪法与法律赋予的基本权利保护责任。因此，核电站诉讼中司法审查的界限便成为公法学的重要课题。

以上核电站诉讼给行政法学带来的挑战，主要可归结为两个问题，分别是核电站诉讼的原告资格认定与司法审查密度。

## 第一节　核电站诉讼的原告资格认定

核电站设施周边的居民能否针对政府许可提起行政救济，是风险社会下公民权利救济的新课题。"在环境领域内，行政管制涉及危险防御与风险预防，对于各该法律规范有无保护特定人之权利之意旨，不能仅从传统管制思维出发，必须回应风险行政之挑战。"① 一则，核电站运行带来的损害包括现实已发生与预测将发生两种，能否针对预测发生损害以规制机关为被告提起行政诉讼，需要澄清。二则，核电站周边的居民并非规制行为的直接行政相对人，能否以及在多大范围内视为利害关系人，需要结合行政诉讼原告资格的标准进一步剖析。

## 一　核电站诉讼原告资格认定的比较研究

我国行政诉讼主要属于个人权利诉讼，核电站诉讼的原告资格认定必然以此为框架展开。日本、德国与我国台湾地区皆针对撤销诉讼采用了类似个人权利诉讼的定位，其相关司法经验可为核电站诉讼原告资格的认定提供重要借鉴。

### （一）日本的核电站诉讼原告资格

依照日本《行政案件诉讼法》第 9 条，提出撤销许可处分的诉讼应当具有法律上的利益，对何为"法律上的利益"的判断，理论与司法实

---

① 王韵茹：《接近司法之权利内涵的扩张——以欧洲环境法与德国环境救济法作为观察》，《中正大学法学集刊》总第 62 期（2019 年）。

践中都存在争议。日本"伊方核电站诉讼"① 争议的焦点问题之一，便是核电站选址周边居民是否具有行政诉讼原告资格的问题，被告提出"原告仅空泛地指称危险，欠缺理论上、经验上的根据，难以主张具体的利益、权利侵害"，要求法院驳回当事人的起诉。一审法院的判决主张，当事人法律上被保护的利益受到行政行为的侵害，法院引用日本《关于核原料物质、核燃料物质及原子炉规制的法律》（*Act on the Regulation of Nuclear Source Material，Nuclear Fuel Material and Reactors*，以下简称《原子炉规制法》）第 24 条，认定该条款除保护公共安全外，还蕴含了保护核电厂设施周边居民生命权、健康权的目的，若核电站运营事故导致放射性物质泄漏，周边居民的生命权与健康权有遭到损害的可能性。②

日本《原子炉规制法》第 24 条设定了核电站的许可要件，即"核电站设施的位置、构造与设备，在灾害防止上没有障碍"，并未明确在保护公共安全之外还保护特定个人的利益，法院对该条款作出了十分宽泛的解释，即核电站周边居民权益受损害的盖然性无法否定，公共安全应当具体化为核电站周边居民的生命、健康与生活安全。总的来看，日本司法实践对有关核电站行政诉讼的原告资格，遵循《行政案件诉讼法》确定的"法律上的利益"标准，同时对法律规范蕴含保护核电站周边居民利益之目的持肯定见解。

在日本，最高法院在针对"文殊核电站诉讼"作出裁判后，倾向于承认核电站附近居民具有行政诉讼的原告资格，一般将核电站周边居民的生命、健康、财产受侵害的盖然性作为划定原告适格的距离标准，但

---

① 日本四国电力股份公司计划在爱媛县西宇和郡伊方町建设核电厂（1 号机），根据《关于核原料物质、核燃料物质及原子炉规制的法律》第 23 条第 1 款提出设置核反应堆许可申请。内阁总理大臣于 1972 年 11 月 28 日作出许可，1977 年 9 月，该核反应堆开始运转。伊方町附近居民在提出行政复议后，于 1973 年 8 月以其生命、身体、财产等有受到侵害的危险为由提起撤销核反应堆设置许可的诉讼。

② 参见罗承宗《再访日本核电厂诉讼》，《月旦法学杂志》总第 219 期，2013。

附近居民的范围仍不明确。在福岛第二原发高等法院判决中，法院认为《原子炉规制法》第 24 条的规定旨在将核电站周边居民免受侵害的利益纳入应受法律保护的个别利益，"原告等人在本件均属在核能电厂五十公里范围内之居住者，其中并无显然居住于非受害范围之居民"。[①] 在 2012 年修改《原子力规制委员会设置法》之前，针对核反应堆安全规制的案件，下级法院否定了在距离核反应堆 100 多公里的地区居民的原告资格。日本福岛第一核电站事故后，司法实践中关于原告适格的判断则遵循"社会通念上，合理而得想像之严重事故发生情形下，居住于原告所居住地区之住民，因该事故所放出之放射性物质，是否导致其生命身体等直接而重大之影响"的标准。[②] 据此，一方面，居住地距离核反应堆 220 公里之外的居民被法院否定具有行政诉讼的原告资格，因其并非确定受到放射线污染的影响，"影响概率为日常生活上影响程度较轻之被害"；但另一方面，在民事上防止侵害的不作为请求诉讼中，居住于距离核反应堆 250 公里之内居民的民事原告资格得到承认。可见，侵害盖然性作为原告资格认定的标准在实践中仍会引发分歧。

## （二）德国的核电站诉讼原告资格

依照德国《行政法院法》（VwGO）第 42 条第 2 款，只有当事人认为其自身权利受到行政行为的侵害，方可提起诉讼。在核电站诉讼中，除了行政许可、行政处罚等行政行为的直接相对人的认定，最关键也最有争议的问题就是作为间接行政相对人的利害关系人该如何认定。核电站安全规制中的行政行为具有双重效果，一是对直接行政相对人核设施营运者的权利义务进行确认或变更，二是对核电站周边的个人、法人或其他组织可能产生影响。当事人的权利是否受到侵害，并不能简单地进

---

①　参见陈春生《核能利用与法之规制》，（台北）月旦出版社股份有限公司，1995，第 317 页。

②　下山宪治：《风险制御与行政诉讼制度——日本之司法审查及其救济机能》，林美凤译，《月旦法学杂志》总第 271 期，2017。

行形式上的主张，而应当提供证据表明其权利受到行政行为侵害具有可能性。根据理论与实践的通说，利害关系人的判断以保护规范理论（Schutznormtheorie）为标准，核能法领域的司法裁判亦是如此。① 据此，只有行政行为作出依据的授权规范，除公共利益外还保护特定个人的利益，才能认定利害关系成立。核电站诉讼中间接行政相对人的认定，通过保护规范的探寻与法律解释方法的运用展开。

德国对核电站诉讼中保护规范理论的运用往往采取较为宽泛的解释。2 名居住在距布伦斯比特尔（Brunsbüttel）核电站 6 公里的居民，针对该核电站内的辐照核燃料贮存许可提起行政诉讼，主张其个人权利受到贮存许可的侵害。其理由在于，德国《核能法》要求针对核事故损害和来自外部之破坏活动的必要预防没有得到实现。诉讼提起者还主张，针对恐怖袭击（如通过有预谋的坠机，或者通过装甲武器装备对核电站内的贮藏容器进行攻击）带来的潜在危险（Gefährdungspotential），核电站应当提供对第三人权益的保护。高等行政法院以核燃料贮存许可的法律依据不具有第三人保护目的为由，驳回了该起诉，并主张核设施营运者有义务在警察到达之前，针对恐怖袭击采取相应的预防措施，特别是采取建筑技术和组织方面的措施，但这种义务仅在于保护公共利益，而非针对第三人的个人权益保护。恐怖袭击的目标是国家和公众，而非特定个人，个人利益的保护如同减少剩余风险（Restrisikominimierung）的发生一样，只是核电站安全保护的反射效果而已，因而个人对规制行为缺乏公法上的请求权。联邦行政法院推翻了高等行政法院的判决，并肯定了2 名居民的原告资格。其主张，作为核燃料贮存设施许可依据的《核能法》第 6 条第 4 款具有保护第三人的目的和效果，对核设施的外部破坏活动不应纳入剩余风险的范围，规制行为应当考察必要的风险预防措施是否满足，以实现《核能法》第 1 条第 2 款规定的立法宗旨——"防止

---

① 参见 BVerfGE 53，30，S. 49。

生命、健康和财产受到核能损害和电离辐射的有害影响"。①

　　对保护规范的宽泛解释甚至延伸至不居住在德国的外国人的权益保护。德国联邦行政法院在 1986 年 12 月 17 日的判决②中对《核能法》与国际法、欧盟法的关系予以澄清。该案涉及 1 名在荷兰居住的荷兰人是否可以向德国的行政法院提起诉讼，请求撤销依据《核能法》第 7 条针对埃姆斯兰（Emsland）核电站颁发的第一次设施许可。一审法院主张立法机关并没有意图将毗邻国界的外国人纳入《核能法》第 7 条第 2 款第 3 项的保护范围，否则违反国际法上的属地管辖原则（territorial-prinzip）。但联邦行政法院推翻了下级法院的判决，主张保护规范的解释需要从欧盟法和国际法的角度展开。从《核能法》第 1 条对于生命、健康和财产的保护义务以及保障联邦履行在核能和辐射防护领域的国际义务可以推出，《核能法》第 7 条第 2 款的保护规范应当扩展适用于外国人，即便他们的居住地超出了德国国界，但其实际上仍然处于核设施的影响范围内。肯定《核能法》第 7 条第 2 款对第三人的保护，有利于保护欧洲原子能共同体成员的公民，当然包括该案的荷兰籍原告。

　　在德国核能法领域，按照章程追求人类生活环境保护的团体提起的诉讼（Verbandsklage），被排除在核电站诉讼范围之外，因为环保团体的自身权益并未受到核电规制行为的可能侵害。核电站诉讼的原告资格问题主要围绕德国《核能法》第 7 条的核电站许可展开。1972 年联邦行政法院的维尔佳森（Würgassen）判决指出，有关核电站许可的法律规范蕴含了核电站周边危险区域居民的权益保护，原告资格认定的关键在于考察起诉人是否在核电站周边危险区域居住或停留（Wohn-oder Aufenthaltsort）。如果只是暂时的停留，权利侵害的可能性尚不足以成立。危险区域通

---

① BVerwGE 7 C 39.07 am 10. April 2008，判决全文来自德国联邦最高行政法院网站，http://www.bverwg.de/meDia/archive/6260.pdf，最后访问日期：2011 年 6 月 5 日。

② BVerfGE 75, 285.

常依据"事务的性质"（*aus der Natur der Sache*）进行界定。① 这需要考察具体的核设施类型、与核设施的距离、放射线粒子经由空气或水等途径传送对居民与环境的影响等因素。司法实践对危险区域的界定存在差异，有的法院甚至认定距离核电站 400 公里的居民仍具有原告资格。②

### （三）我国台湾地区的核电站诉讼原告资格

我国台湾地区的行政诉讼采用德国模式，属于主观公权利诉讼，其"行政诉讼法"明确以权利或相关法规上利益受侵害为起诉的要件。"司法院"释字第 469 号解释的理由书进行"法律规范保障目的之探求"，指出："如法律虽系为公共利益或一般国民福祉而设之规定，但就法律之整体结构、适用对象、所欲产生之规范效果及社会发展因素等综合判断，可得知亦有保障特定人之意旨时，则个人主张其权益因公务员怠于执行职务而受损害者，即应许其依法请求救济。"③ 可见，其以保护规范理论为基础，采用了弹性且较为宽松的原告资格认定方式，具体的分析步骤包括探寻行政行为违反何种"法律"规范、是否属于保护规范以及起诉人是否为保护规范涵盖的对象。其中的核心争议问题在于保护规范的确定与适用。

我国台湾地区"最高行政法院"2016 年度判字第 178 号判决，是首次也是目前唯一一次对核电站诉讼的原告资格表明立场。该案涉及核二厂周边居民对于非核子事故的一般事故，能否以台湾地区"核子事故紧急应变法"第 2 条第 5 款为保护规范，对核二厂相关行政处分提起撤销诉讼的问题。从一审法院（台北"高等行政法院"）与二审法院（"最高行政法院"）的裁判来看，适用保护规范界定核电站诉讼的原告资格仍

---

① Christian Heitsch, *Genehmingung kerntechnischer Anlagen nach deutschem und US-amerikanischem Recht*, Duncker & Humblot, 1993, S. 71.

② VG Oldengurg, Urteil, 1978. 11. 10.

③ 中国台湾地区"司法院"释字第 469 号解释。

然存在争议。①

首先，保护规范的确定争议。一审裁判以"核子事故紧急应变法"为唯一的保护规范，主张行政机关依据该规范划定的紧急应变计划区为核电站周边8公里范围内的村（里）行政区，而提起行政诉讼的当事人居住在核电站周边8公里之外，进而否定其原告资格。二审法院对保护规范的确定提出了不同意见，认为距离核电站多远的居民具有原告资格，应当考虑核反应堆的种类、构造、规模、发生损害的可能性、科技上的因果关系等具体因素，并由核电规制机关承担举证责任以及说明理由，在此基础上认定核事故辐射的区域范围。一审判决直接以"核子事故紧急应变法"所规定的8公里"紧急应变计划区"为认定核电站诉讼原告资格的依据，忽视了该保护规范的适用以核事故的可能发生为前提条件，被二审裁判批评过于武断。二审裁判以"核子反应器设施管制法"第1条"管制核子反应器设施，确保公众安全"的"立法"目的在于防止发生核子事故为由，认为即便当事人以有可能发生核子事故之虞为标的提起诉讼，也可作为保护规范。可见，是拘泥于某一具体紧急应变计划区的划定标准，还是在条文目的的基础上进行个别判断，两则裁判在保护规范的确定上产生分歧。

其次，保护规范的适用争议。即便确定了某一保护规范，提起诉讼的当事人也并非当然地享有原告资格。二审裁判主张，适用"核子事故紧急应变法""核子反应器设施管制法"以可能发生核事故为前提要件，若仅可能发生非核事故的一般事故，即无适用该保护规范的可能。就该案涉及的支撑裙板内圈锚定螺栓断裂、反应炉心侧板出现裂痕、燃料匣弯曲造成控制棒插入困难等情形，是否可能导致核子事故，应当在个案中进行具体判断。法院指出，行政处分是否可能导致第三人权益受

---

① 参见中国台湾地区"最高行政法院"2016年度判字第178号判决、台北"高等行政法院"2013年度诉字第201号判决。

损，应结合个案具体情形判断，而非仅凭起诉人的抽象主张，否则即与行政处分须直接发生"法律"效果的定义矛盾。核电站规制的对象是否可能发生核事故，以及发生核事故的辐射会影响距核电站多少公里范围以内居民的生命、健康及财产的安全，应由核电站监管机关依据职责参酌世界各国和地区的相关数据并提供具体资料，供法院审理时调查与判断，才能契合撤销诉讼与确认诉讼作为"主观诉讼"所欲实现的功能。①

基于以上理由，"最高行政法院"撤销下级行政法院的裁判并发回重审。台北"高等行政法院"对"利害关系"作了较为宽泛的解读，指出："当事人是否适格，应依原告起诉主张之事实定之，而非依审判之结果定之。"亦即在原告资格的判断上，权益侵害可能性的判断应当遵循较为宽泛的认定。该案涉及的"锚定螺栓断裂""炉心侧板出现裂痕""燃料匣弯曲""控制棒插入困难"等瑕疵，在各人为或自然情况尚无法确定或控制的情况下，法院肯定了核事故发生的盖然性而认可当事人适格。② 而且，权益侵害可能性的举证责任被法院课予作为被告的规制机关，如果其不能提供资料说明核反应堆核子反应器之种类、构造、规模，可能导致核事故辐射外泄的区域范围显然排除了当事人的住所，则"法律"上的利害关系成立。③ 可见，法院主张应当由被告对权益侵害的范围承担举证责任，否则推定起诉人的原告资格成立。权益侵害可能性的判断通过举证责任的分配得到澄清，同时采取了原告资格推定的方式，即被告如果无法举证证明起诉人的权益不可能受到可能的核事故侵害，则起诉人的原告资格成立。

---

① 参见中国台湾地区"最高行政法院"2016 年度判字第 178 号判决。
② 台北"高等行政法院"2016 年度诉更一字第 44 号行政判决。
③ 台北"高等行政法院"2016 年度诉更一字第 44 号行政判决。

## 二　核电站诉讼原告资格认定的规范基础

核电站诉讼原告资格的认定必须置于特定国家或地区行政诉讼法的框架下展开。如德国行政诉讼为主观公权利诉讼，以保护规范理论为利害关系的判断方法，乃理论上与实践中的基本共识。我国台湾地区"行政诉讼法"第 4 条第 1 项规定"人民因'中央'或地方机关之违法行政处分，认为损害其权利或法律上之利益，经依诉愿法提起诉愿而不服其决定，或提起诉愿逾 3 个月不为决定，或延长诉愿决定期间逾 2 个月不为决定者，得向行政法院提起撤销诉讼"，确立行政诉讼为主观公权利诉讼，且通过"保护规范理论"对作为第三人的利害关系人进行识别，这已经成为台湾地区学理与司法实践中的普遍共识。① 我国核电站诉讼原告资格的认定应当置于《行政诉讼法》的框架下展开，但其尚不能对这一特殊的核电站诉讼类型给予足够回应，一则我国行政诉讼原告资格的标准本身存在模糊性，二则利害关系人与核电站安全规制行为之间的关系错综复杂。

《行政诉讼法》第 2 条确立了我国行政诉讼为个人权利诉讼的基调，只有个人（包括公民、法人或者其他组织）认为行政行为"侵犯其合法权益"的，才有权提起行政诉讼。全国人大常委会于 2017 年 6 月通过修正的《行政诉讼法》的第 25 条增设了人民检察院提起公益诉讼的规定，仍不能影响我国行政诉讼以个人权益保护为主旨。该法第 25 条将个人诉讼的主体明确为行政行为的相对人以及其他与行政行为有利害关系的公民、法人或其他组织，与《行政复议法》第 10 条、第 28 条第 2 项的表述如出一辙，进一步为个人权利诉讼构建了"利害关系"标准。尽管法

① 中国台湾地区"司法院"释字第 469 号解释。

律及司法解释未进一步阐明"利害关系"标准的内涵，[①] 但其应当属于"法律上的利害关系"，且仅指"公法上的利害关系"。[②]

## （一）法律上的利害关系

基于立法原意的追溯、诉讼制度的体系解读以及指导案例的立场分析，我国《行政诉讼法》上的利害关系应当属于"法律上的利害关系"。

（1）立法原意的追溯。2000 年施行的《最高人民法院关于执行〈中华人民共和国行政诉讼法〉若干问题的解释》（法释〔2000〕8 号）第12 条将原告资格阐明为"与具体行政行为有法律上利害关系"，2014 年《行政诉讼法》修改时以"利害关系"取代，并非规范内涵的实质改变，而是为了防范法院不适当地限缩解释"法律上利害关系"。[③]

（2）诉讼制度的体系解读。依据《行政诉讼法》第 6 条，我国行政诉讼围绕行政行为的合法性审查展开，法院必然要探寻并适用相关的实体法律规范，如果法律规范在公共利益之外并未蕴含相关主体的权益保护，即便承认当事人的行政诉讼原告资格，法院也不会在实体上将当事人受到的侵害视为行政行为违法的标准，其起诉也会丧失必要性。由于缺乏实体法的保护，法院便不会在实体问题上支持当事人诉请保护的权益，因而其起诉不具备诉的利益。[④]《最高人民法院关于适用〈中华人民共和国行政诉讼法〉的解释》（法释〔2018〕1 号）第 13 条针对债权人的行政诉讼原告资格强调"行政机关作出行政行为时依法应予保护或者应予考虑"，也表明利害关系的认定应当追溯至相关实体法规范。

（3）指导案例的立场分析。最高人民法院指导案例 77 号强调行政诉讼原告资格的认定应当坚持"法律上的利害关系"标准，该案裁判于2012 年作出，但直到 2016 年 12 月 28 日才发布，且将修正后的《行政诉

---

① 有代表性的研究参见陈鹏《行政诉讼原告资格的多层次构造》，《中外法学》2017 年第 5 期。

② 参见伏创宇《行政举报案件中原告资格认定的构造》，《中国法学》2019 年第 5 期。

③ 参见信春鹰主编《中华人民共和国行政诉讼法释义》，法律出版社，2014，第 70 页。

④ 参见最高人民法院（2017）最高法行申 169 号行政裁定书。

讼法》第 25 条作为法律依据，意味着"利害关系"被定位为"法律上的利害关系"。

### （二）公法上的利害关系

我国《行政诉讼法》上的利害关系仅指"公法上的利害关系"，排除"私法上的利害关系"。

（1）以法律规范为基础的利害关系。相较于民法上的请求权，公法上的请求权存在个人与国家的关系之中，且必须追溯至公权力行使的有关法律依据中寻找合法性，否则将使行政诉讼的原告资格缺乏法定标准，法院的裁量难免陷入恣意状态。行政诉讼的原告资格以个人对行政主体拥有法律上承认的请求权为前提条件。"只有当某个针对益（Gut）和利益（Interesse）的意志权力被法律承认时，相应的权利才能被个人化，这一权利才能与特定的人发生关联。这种关联构成了认定主观权利的根本标准。"[1] 个人的合法权益受到核电站营运者侵害，不意味着其可以向行政机关请求为或不为一定行为。换言之，个人的合法权益是请求权的基础，却未必直接转化为公法上的请求权。

（2）以解决行政争议为基础的利害关系。《行政诉讼法》第 1 条将"解决行政争议"作为行政诉讼的首要功能，意在处理公法上的利害关系。行政机关是否以及如何履行行政职责，只有蕴含核电站周边居民以及特定组织或个人权益保护的公法意涵时，才能转化为行政争议问题，否则将破坏民事救济与行政救济的分工。最高人民法院在 2017 年行申 169 号行政裁定书中指出"利害关系"一般仅指"公法上的利害关系"，显然意识到了将利害关系无限扩大化的危险。[2]

（3）以调整私益关系为基础的利害关系。"公法上的利害关系"面

---

① 格奥格·耶利内克：《主观公法权利体系》，曾韬、赵天书译，中国政法大学出版社，2012，第 41 页。
② 参见最高人民法院（2017）最高法行申 169 号行政裁定书。

向的是多边行政法律关系下冲突私益的介入与调控，对私益关系的调整应当属于立法机关的任务。在没有判例制度作为有效支撑的前提下，否定请求权的法律附属性，将会放任权利由法院自由裁量和无限扩张。①

## 三　核电站诉讼原告资格认定的具体路径

就核电站相关行政案件原告资格的认定而言，法院须秉持我国行政诉讼属于个人权利诉讼的基本定位，在个案中追溯至核电站安全规制相关的实体法规范，进而考察第三人的权益是否受到公法的保护以及是否可能受到核电规制行为的侵害。此外，核电站行政诉讼涉及民事救济与行政救济的分工，为保障行政救济的必要性与实效性，权益保护的必要性也应纳入原告资格的识别范畴。② 因而我国核电站行政诉讼原告资格认定的构造，包括了内在构造与外在构造，前者蕴含了主观公权利与权益受侵害的可能性两大要素，后者通过权益保护的必要性进行外在限制，三重过滤机制呈现出层层递进且有机衔接的关系。③

### （一）主观公权利的界定

与自由权受到行政侵害有别，只有行政机关负有法定的私权保护义务，公法上的请求权才能成立。我国最高人民法院指导案例 77 号意图区分个人诉讼与客观诉讼，却忽视了公民自身权益保护与公法保护的区别。④ 对于同一纠纷，公法请求权与私法请求权可并行不悖，却并不意味着能通过适用权利的实际影响标准恣意扩大。一般而言，主观公权利的界

---

① 参见鲁鹏宇《德国公权理论评介》，《法制与社会发展》2010 年第 5 期。
② 这一问题还未引起足够重视，参见王贵松《论行政诉讼的权利保护必要性》，《法制与社会发展》2018 年第 1 期。
③ 保护规范理论的主张在我国尚不普遍，且未对权益侵害可能性与权益保护必要性要件给予必要关注，参见赵宏《保护规范理论的历史嬗变与司法适用》，《法学家》2019 年第 2 期。
④ 参见最高人民法院指导案例 77 号。

定包括"公法保护规范的探寻"、"公权保护义务的解释"与"保护规范对象的涵摄"三个步骤。如果相关主体是行政行为的直接行政相对人，或公法规范已经赋予相关主体原告资格，则无须借助保护规范进行判断。

**1. 公法保护规范的探寻**

行政诉讼的原告资格问题实质上在于澄清公民与国家之间的公法关系，厘定公民的法律地位，这必须回归到具体的法律规范层面进行解读，探寻公法保护规范是原告资格认定的重要开端。我国《核安全法》第 1 条"为了保障核安全，预防与应对核事故，安全利用核能，保护公众和从业人员的安全与健康，保护生态环境"中公众健康与生态环境保护的规定，不能直接转化为特定个人或组织的公法请求权。该法第 14、25、27 条有关核设施的选址、建造许可、运行许可的规定，并未明确排除直接行政相对人以外的其他主体权益的公法保护，该法的诉讼救济规定亦付之阙如。国家核安全局颁布的细则《核电厂安全许可证件的申请和颁发》（1993 年发布）亦无明确规定。倒是国家核安全局颁布的《核电厂厂址选择安全规定》提出，"从安全观点来看，如果与厂址有关的问题在技术上有办法解决，从而保证核电厂在建造和运行期间对该地区居民的风险降低到可接受的程度，则这个厂址就符合要求"，该规定作为其他规范性文件可以成为核电站所在地区居民权益保护规范的来源之一。

我国宪法中的基本权利条款不能直接成为主观公权利认定的保护规范。[①] 在保护规范缺位的情形下，依据法官法与基本权利赋予个人请求权有域外经验可资借鉴。在德国法上，主观公权利除通过法律规范确认外，还可通过法官法对立法漏洞的填补与基本权利的推导实现。[②] 但宪法在我国尚不能直接作为裁判的依据，基本权利条款缺乏德国法上直接

---

① 德国法上"新保护规范说"已代替"旧保护规范说"，前者承认宪法中的基本权利条款可作为保护规范，参见 Schoch/Schneider/Bier, *Verwaltungsgerichtsordnung Kommentar*, Verlag C. H. Beck, 2018, S. 43 – 47。

② 参见 Friedhelm Hufen, *Verwaltungsprozessrecht*, C. H. Beck, 2005, S. 265 – 274。

的规范效力，法院依据《宪法》第131条，只能依照法律行使审判权。①此外，若法院依此赋予行政机关对私权的保护义务，进而牵涉国家财政能力、行政资源的运用与多元社会利益的调整等因素，则这会与《宪法》第107条地方政府的职权源于法律之规定背道而驰，势必破坏立法机关形塑及界分行政任务的宪法体制。因此，基本权利规范在我国不宜作为确定公法保护义务的基础。

在司法实践中，还应当避免将法释〔2000〕8号第13条与法释〔2018〕1号第12条中的"要求主管行政机关依法追究加害人法律责任的"作为核电站诉讼原告资格认定的保护规范。②首先，上述条款的出台有特殊的背景，仅适用于治安管理处罚领域。1986年《治安管理处罚条例》第39条规定被害人有权对公安机关的治安处理决定提起行政诉讼，最高人民法院于1991年颁布的《关于贯彻执行〈中华人民共和国行政诉讼法〉若干问题的意见（试行）》对此进行了确认，上述规定的理由在于受害人"有权要求得到法律保护，使违反治安管理的行为受到应得的制裁，使自己受到非法侵害的合法权益得到合理补偿"。③法释〔2018〕1号更是将加害人与举报人的原告资格并列加以规定，足见前者的适用范围有限。其次，受害人起诉条款具有客观诉讼的意涵。④治安处罚保护的是受害人的何种权益，很难得出明晰答案。民事侵权成立未必意味着行政处罚责任产生，反过来，行政处罚不能成为民事纠纷解决的依据，其与民事救济在归责原则、举证规则与证明程度等方面存在显著差异，因而既不能对民事救济主体形成约束，也不能实质化解民事纠纷。

---

① 最高人民法院在《关于在刑事判决中不宜援引宪法作论罪科刑的依据的复函》《人民法院民事裁判文书制作规范》等司法解释中亦明确宪法不得直接作为裁判依据。
② 基于该条款认可行政举报人的行政诉讼原告资格的裁判包括西安铁路运输中级法院（2018）陕71行终205号行政裁定书、重庆市第五中级人民法院（2017）渝05行终40号行政判决书等。
③ 吴高盛、郑淑娜、陈广君、刘新魁：《治安管理处罚条例通论》，群众出版社，1987，第143页。
④ 参见陈鹏《行政诉讼原告资格的多层次构造》，《中外法学》2017年第5期。

法释〔2018〕1 号第 12 条第 1 项 "被诉的行政行为涉及其相邻权或者公平竞争权的"，能否直接作为核电站周边居民针对核电站规制行为提起行政诉讼的保护规范，亦值得商榷。特定主体与核电站相邻，并不意味着其相邻权受到核电站规制行为的侵害，两者不可同日而语。相邻人的权益受到民事侵害，也不能与受到公法保护画上等号。《民法典》第 288 条对相邻关系的调整是指 "不动产的相邻权利人应当按照有利生产、方便生活、团结互助、公平合理的原则，正确处理相邻关系"，涉及的是用水、排水、通行、利用相邻土地和建筑物、通风、采光、不动产安全等相邻权，调整的是民事法律关系，不能直接将之转换为公法上保护的法律关系。换言之，对法释〔2018〕1 号第 12 条中相邻权的保护，仍然需要置于保护义务规范的视角下进行考察。

**2. 公法保护义务的解释**

从核电站规制的相关法律规范来看，课以行政机关职责是较为常见的方式，鲜有直接明确个人权益保护的意旨，由此有必要通过法院进行解释。一方面，对保护义务的司法解释具有裁量空间，有时要得出单一解释结论比较困难；① 另一方面，是否提供公法救济不能脱离立法的框架，法院不得代替立法机关作出决定。在我国，立法资料的匮乏导致探寻立法机关制定法律时的主观意图变得困难，且时过境迁，立法亦难以因应纷繁复杂的社会现实。保护规范理论遵循法律适用优先与民主政治决定，过于严苛地适用无法回应立法保护不足的指摘。除非法律规范鲜明地表明行政对私权介入的立场，否则司法还须通过立法目的与体系的阐释，借助 "考虑事项" 这一中度概念，考察立法是否蕴含了对私权的保护义务。② 尽管基本权利条款不能直接作为保护规范，但在法律框架

① 盐野宏：《行政法Ⅱ［第四版］行政救济法》，杨建顺译，北京大学出版社，2008，第 87 页。
② 参见盐野宏《行政法Ⅱ［第四版］行政救济法》，杨建顺译，北京大学出版社，2008，第 93 页。我国最高人民法院在个案中亦采用了这一判断方法，参见最高人民法院（2017）最高法行申 169 号行政裁定书。

内可作出合乎基本权利保护意旨的法律解释，发挥基本权利的规范内在效果，防止法院在解释保护规范时趋向于以严苛的标准限缩原告资格。①

何为公法保护的权益的探寻"意味着一个较为广阔的司法裁量空间之存在",② 不等于核电站诉讼的原告资格认定缺乏基本标准。公法保护义务的探寻为司法裁量带来一定的不确定性，既不能归咎于法律规范本身的模糊性，也不能质疑"法律上的利害关系"标准对原告资格认定的重要价值，后者恰恰扮演着降低原有法规范之不确定性，维持一定程度法安定性之重要角色。③ 法院只能在法律规范的框架内探寻特定个人的利益是否受到保护，而不能逃逸出规范体系代替立法机关对私权冲突作出决定。即便是行政实体规范未明确但值得保护的权益，仍可在法律框架内通过法律解释方法予以澄清。④

**3. 保护规范对象的涵摄**

起诉人应当属于保护规范的保护对象，才可能享有核电站诉讼的原告资格。如《核电厂厂址选择安全规定》中的"该地区居民"，起诉人应当举证证明其属于该地区的居民，如其具有户籍、租赁房屋、长期工作等，而非仅在该地区进行短暂停留。保护对象的权益是否可能受到行政行为的侵害，则须在下一要件中考察。

**（二）权益受侵害可能性的认定**

即便属于法律保护的个人权益，只有当起诉人可能受到被诉行政行为的侵害时，才能满足《行政诉讼法》第 1 条确立的"行政争议"标准。主观公权利解决的是个人权益是否受到公法保护的问题，而权益侵

---

① 参见赵宏《原告资格从"不利影响"到"主观公权利"的转向与影响——刘广明诉张家港市人民政府行政复议案评析》，《交大法学》2019 年第 2 期。

② 沈岿：《行政诉讼原告资格：司法裁量的空间与限度》，《中外法学》2004 年第 2 期。

③ 参见林明昕《"不法侵害人民自由或权利"作为国家赔偿责任之构成要件要素》，载台湾行政法学会编《国家赔偿与征收补偿/公共任务与行政组织》，（台北）元照出版有限公司，2007，第 131 页。

④ 参见最高人民法院（2017）最高法行申 169 号行政裁定书。

害可能性标准推究的是个人权益是否可能受到被诉行政行为的侵害。权益侵害可能性要件对利害关系人是否具有原告资格的判断具有独特价值，如相邻人固然在公法保护的范围内，是否可能受到核电站规制行为侵害有待进一步考察。侵害可能性须考察行政行为对利害关系人影响的权益类型、程度与可能性。

即便属于核电站周边的居民，也不能直接获得核电站行政诉讼的原告资格，还必须接受权益侵害可能性的检验。规范性文件对应急计划区的划定，不能作为核电站诉讼原告资格确定的唯一依据。"况且就事实而论，政府依据法令公告的紧急应变区范围，与事故发生时实际的应变区范围，两者间落差甚大，前者距离有被严重低估的明显重大瑕疵。以福岛核灾经验为例，实际疏散范围超出日本紧急应变计划区八至十公里规划，强制撤离二十公里之居民，亦要求二十至三十公里居民掩蔽，距离福岛核电厂四十公里之饭馆村也被强制撤离。"[1] 亦因此，核电站周边多大范围内居民的权益有可能受到规制行为的侵害，很难有确切的标准可供遵循。

我国虽未有与核电站相关的行政诉讼，但存在其他核设施引发的行政诉讼。遗憾的是，法院以提起诉讼的当事人未在其他规范性文件所确立的环境影响评价区域内为由，否定了其原告资格。《辐射环境保护管理导则　核技术利用建设项目　环境影响评价文件的内容和格式》"7. 核技术利用建设项目环境影响报告书的内容和格式"中"1.5 评价范围和保护目标"规定："以项目实体边界为中心，放射性同位素生产项目（放射性药物生产除外）的评价范围半径不小于 3km；放射性药物生产及其他非密封放射性物质工作场所项目的评价范围，甲级取半径 500m 的范围，乙、丙级取半径 50m 的范围。放射源和射线装置应用项目的评价范围，通常取装置所在场所实体屏蔽物边界外 50m 的范围。"法院主张，该案中被告作出的环境影响评价批复所批准同意的建设项目只是普通的

---

① 罗承宗：《再访日本核电厂诉讼》，《月旦法学杂志》总第 219 期，2013。

工程建设项目，并未包含辐射类项目内容，且涉案项目周边 200 米范围内并无学校、居民、医院等环境敏感目标。原告的住所显然已经超出乙、丙级非密封放射性物质工作场所项目的评价范围。因此，该案中被告作出的环境影响评价批复对原告的合法权益明显不产生实际影响。①

核电站诉讼原告资格认定中的权益受侵害可能性要件适用，不应拘泥于规范性文件限定的范围。我国《核电厂应急计划与准备准则　第 1 部分：应急计划区的划分》（GB/T 17680.1 - 2008）明确的压水堆核电厂的烟羽应急计划区"在以反应堆为中心、半径 7km ~ 10km 范围内确定"② 以及《核动力厂环境辐射防护规定》（GB 6249 - 2011）明确的"规划限制区半径不得小于 5km"，只能作为原告资格确定的参考而非依据。这是因为，应急计划区的划定考虑反应堆热功率的大小、事故的类型及源项、核电厂周围的具体环境特征（如地形、行政区划边界、人口分布、交通和通信等）等因素，③ 通常小于核事故的实际影响区域，亦非核事故发生后的实际疏散范围。权益受侵害可能性还需借助科学的分析方法与专家鉴定来进行判断，并课以被告行政机关举证责任。如果被告无法举证从而排除当事人受到核事故或核辐射的可能影响，则法院应当推定原告资格成立。至于当事人权益是否可能受到规制行为的实际侵害，不能作为原告资格认定的考虑因素。

核电站行政诉讼案件中原告资格的识别，不仅应当考察主观公权利是否成立，还应对起诉人的合法权益是否受到行政行为侵害进行类型化

---

① 参见湖南省长沙市岳麓区人民法院（2019）湘 0104 行初 32 号之二行政裁定书。

② 我国将核电厂应急计划区分为烟羽应急计划区与食入应急计划区。烟羽应急计划区（plume emergency planning zone）乃针对烟羽照射途径（烟羽浸没外照射、吸入内照射和地面沉积外照射）而建立的应急计划区。这种应急计划区又可以分为内、外两区，在内区，能在紧急情况下立即采取隐蔽、服用稳定碘和紧急撤离等紧急防护行动。食入应急计划区（ingestion emergency planning zone）乃针对食入照射途径（食入被污染食品和水的内照射）而建立的应急计划区。

③ 参见《核电厂应急计划与准备准则　第 1 部分：应急计划区的划分》（GB/T 17680.1 - 2008）。

剖析，避免权益保护的泛滥或不足。权益受侵害可能性要件的适用应当考虑核电站安全规制行为的多阶段性。我国环境法领域的司法实践已承认选址决定、建设许可、环境影响评价对相邻人的权益侵害可能性存在差别。如在"关卯春等诉浙江省住房和城乡建设厅等复议案"中，最高人民法院主张，"选址意见书系城乡规划部门根据建设单位申请依法出具的意见，其目的在于为相关部门批准或核准建设项目提供决策参考，本身并不直接决定建设项目的实施与否，也不会侵犯关卯春等 193 人主张的环境利益"。① 核电站安全规制亦存在多阶段性，包括了核电站规划、核电站选址、环境影响评价、建造许可与运行许可等。在建设项目引发的行政诉讼中，我国司法实践在保护义务规范的适用之外往往忽视权益受侵害可能性的判断。如在刘广明与张家港市人民政府再审行政裁定书中，最高人民法院首先探寻了政府投资项目审批行为以及企业投资项目核准和备案行为的相关法律规范，进而指出"考察上述一系列规定，并无任何条文要求发展改革部门必须保护或者考量项目用地范围内的土地使用权人权益保障问题，相关立法宗旨也不可能要求必须考虑类似于刘广明等个别人的土地承包经营权的保障问题"，最后作出结论，"项目建设涉及的土地使用权人或房屋所有权人与项目审批行为不具有利害关系，也不具有行政法上的权利义务关系，其以项目审批行为侵犯其土地使用权或者房屋所有权为由，申请行政复议或者提起行政诉讼，并不具有申请人或者原告主体资格"。②

上述裁判拘泥于多阶段行政行为中某一行为的公法保护规范是否存在，却未注意到多阶段行政行为权益侵害可能性的相互关联。权利人能否以权益受侵害为由，针对相关保护规范未能涵盖的前一阶段行政行为提起行政诉讼，须考察不同行政行为之间的必然性关联。我国司法实践

---

① 参见最高人民法院（2017）最高法行申 4361 号行政裁定书、北京市第一中级人民法院（2018）京 01 行终 182 号行政裁定书。
② 最高人民法院（2017）最高法行申 169 号行政裁定书。

大多否认多阶段行政行为之间侵害可能性的相互联系，[①] 但亦有个案裁判从必然性联系的角度进行判断。[②] 以德国法为镜，基于法律上的或事实上的"必然性"，前一决定会产生后一决定，便肯定两者具有相同的侵害可能性。[③] 从我国《行政诉讼法》第 1 条保护合法权益的立法目的出发，应认可这种尚未成为事实的但必然发生的权益侵害可能性。[④] 承认此种权益侵害的可能性，有利于权利人尽早针对核电站的规制行为寻求救济，而不必等到"木已成舟"再提起诉讼挑战之，否则为时晚矣。

### （三） 权益保护必要性的判断

核电站引发的纠纷解决包括行政诉讼与民事诉讼并行的双重路径。与核电站相关的民事诉讼与行政诉讼在原告资格、举证责任、证明标准与起诉期限等诸多方面存在差异。行政诉讼乃当事人以行政机关为被告针对行政行为提起的诉讼，民事诉讼则是核电站周边的居民针对核电营运企业提起的。在司法审查的重点上，行政诉讼围绕着行政行为的合法性与合理性展开，而民事诉讼则聚焦于当事人的权益是否受到核电营运企业的侵害，适用的是民事侵权的相关规则。在举证责任分配上，民事诉讼中一般遵循"谁主张，谁举证"的举证规则，而在与核电站相关的行政诉讼中，行政机关应当依法对规制行为的合法性承担举证责任。该两种诉讼提起的时间点在日本还存在差异，"行政诉讼依法规定必须于设置许可处分前提起，相对地民事诉讼则纵令于设置许可处分后也可提起"。[⑤]

---

① 如在"黄超与北京市规划和国土资源管理委员会规划行政许可上诉案"中，法院主张："黄超认为其合法权益受到侵害，其侵害只可能出现在征收或者补偿环节，而非发生在用地规划许可环节。"参见北京市第二中级人民法院 （2018） 京 02 行终 346 号行政裁定书。

② 参见湖北省荆州市荆州区人民法院 （2017） 鄂 1003 行初 9 号行政判决书、浙江省杭州市中级人民法院 （2018） 浙 01 行终 63 号行政裁定书。

③ 参见 Friedhelm Hufen, *Verwaltungsprozessrecht*, C. H. Beck, 2005, S. 289。

④ 参见李杰、王颖《行政诉讼原告的主体资格》，《人民司法》2002 年第 9 期。

⑤ 参见松本充郎《核能管制之重新建构》，赖宇松译，载台湾地区能源法学会编《核能法体系 （一） ——核能安全管制与核子损害赔偿法制》，（台北） 新学林出版股份有限公司，2014，第 292 ~ 293 页。

为避免损害实际发生而事先启动的民事诉讼，在我国具有相应的制度基础。《民法典》第 1167 条规定："侵权行为危及他人人身、财产安全的，被侵权人有权请求侵权人承担停止侵害、排除妨碍、消除危险等侵权责任。"个人提起的预防性侵权诉讼实践在原告资格上秉持较为宽松的要求，是否切实受到环境侵权的损害，往往属于实体审查才处理的问题。①此外，《环境保护法》第 58 条"对污染环境、破坏生态，损害社会公共利益的行为，符合下列条件的社会组织可以向人民法院提起诉讼"，设定的是环境民事公益诉讼。《最高人民法院关于审理环境民事公益诉讼案件适用法律若干问题的解释》第 1 条规定，对具有损害社会公共利益重大风险的污染环境、破坏生态的行为提起的诉讼，法院应该受理，这为公益性预防诉讼留下了空间。在环境法领域的司法实践中，已有预防侵权的公益诉讼案例，并得到法院支持，如有法院认为："与一般侵权行为相比，基于环境侵权中侵权过程的长期性、隐蔽性，侵害结果的潜伏性、不可逆转性等特点，环境保护案件的审理更注重保护优先、预防为主法律原则的适用，在当事人实施的某种行为具有造成环境损害的现实威胁时，当事人即可提起诉讼，从而在损害发生前及时采取补救性措施，避免或减少损害结果的发生。"②

我国尚未有针对核电站项目提起的预防性侵权诉讼，当事人针对核电站项目提起民事诉讼与针对核电站规制行为提起行政诉讼并行不悖，两者各有优劣。一方面，相较于行政诉讼在原告资格要件上稍显复杂，与核电站相关的民事诉讼则在门槛上要方便很多；另一方面，原告在与核电站相关的民事诉讼中举证责任较重，和行政诉讼中主要由规制机关承担举证责任形成鲜明对比。且民事诉讼中作为侵权是否成立的危险认

---

① 参见辽宁省大连市中级人民法院（2018）辽 02 民终 6322 号民事裁定书。
② 河南省高级人民法院（2018）豫民终 1525 号民事判决书。另可参见北京市高级人民法院（2018）京民终 453 号民事判决书。

定，往往以被告是否获得行政许可及是否符合相关的规制标准为重要参考。具体选择哪一种救济方式，应当由核电站项目的利害关系人自行权衡与选择。

如果依据我国《核安全法》第 68 条 "公民、法人和其他组织有权对存在核安全隐患或者违反核安全法律、行政法规的行为，向国务院核安全监督管理部门或者其他有关部门举报"，举报人对行政答复处理不服提起行政诉讼，则须考虑权益保护的必要性。这是因为，"当私益可循民事途径得到最大实现时，原则上应引导人们走向此一途径"。①如果举报人能通过其他更合适（sachgerechter）的途径，即更简便、更完整、更快捷、更经济的方式得到权利的保护，或者其权利已通过其他方式获得保护，其提起行政诉讼则属于 "无效率的权利保护"（Ineffektivität des Rechtsschutzes）。② "更合适" 的救济方式的判断应当以救济方式具有 "同等效果"（gleichwertig）且能有效解决争议为前提。③ 我国在司法实践中亦承认权益保护的必要性，如果原告不能选择 "最便捷、最能解决实际问题的诉讼类型"，法院将裁定驳回起诉。④ 德国法上 "公法上第三人保护的补充性原则"（Subsidiarität des öffentlichrechtlichen Drittschutzes）可资借鉴，如举报人针对被举报人违法建筑的行为要求行政机关进行干预，法院主张行政机关的干预应当立足于补充性原则，当举报人的民事权利受到侵害，其首先应当通过民事救济的方式维护自身合法权益。只有当行政机关的不作为将导致举报人的损害进一步扩大时，方能排除补充性原则的适用。⑤

---

① 苏永钦：《检举人就公平会未为处分的复函得否提起诉愿》，《公平交易季刊》1997 年第 4 期。

② Schoch/Schneider/Bier, Verwaltungsgerichtsordnung 33. EL Juni 2017, Vorbemerkung § 40, Rn. 81.

③ 参见 Friedhelm Hufen, *Verwaltungsprozessrecht*, C. H. Beck, 2005, S. 404。

④ 最高人民法院（2017）最高法行申 5735 号行政裁定书。

⑤ VG Regensburg Urt. v. 30. 5. 2017 – 6 K 15. 1396.

## 第二节　核电站诉讼的司法审查密度

核电站安全规制对司法审查提出的另一重大挑战，是法院如何对规制决定进行司法审查，因为核电站规制具有高度的专业性与政策裁量性。由于立法本身的局限性与动态的基本权利保护，规制机关被授予较为广泛的自主空间，这使司法审查标准也面临着不明确的困境，且法官不具有足够的专业知识介入专业判断，或导致法院缺乏足够的积极性对规制决定进行制约与监督，以至于核电站的规制决定成为"脱缰的野马"。因而核电站诉讼中的司法审查密度界定，既要对司法审查的困境给予必要回应，也要注意到法院在核电站规制中所应承担的重要监督责任。

迄今为止，我国尚未有专门针对核电站规制决定提起的行政诉讼，2012 年安徽省望江县政府针对江西省彭泽县核电站建设提出种种抗议，最终未能转化为中国的核电诉讼第一案，我国法院也未有机会发挥核电站安全规制的功能。但是，行政诉讼与司法审查是悬挂在核电站安全规制机关头上的一把"达摩克利斯之剑"，实践的空白不应成为理论与制度构建予以消极对待的托词。

## 一　德国核电站诉讼中的司法审查密度

德国《核能法》（全称为"Gesetz über die friedliche Verwendung der Kernenergie und den Schutz gegen ihre Gefahren"）的核心条款是第 7 条第 2 款，该条款赋予核设施经营者获得行政许可的前提性义务，即"按照科学技术的发展水平采取了必要的预防措施"，《核能法》适用的许多争议皆与此不确定法律概念的适用有关。绕不开的问题便是，法院如何对行政机关在核能许可中的法律适用进行司法审查？是否基于核能问题的专业性和预测性，承认行政的判断余地，从而排除法院对行政决定的司法审查？从德国核能法的历史来看，司法审查在核能法领域经历了从全面司法审查到对行政判断余地承认的转变。就核电站安全规制而言，德国法院自 20 世纪 70 年代起即审理了大量案件，常见的案件类型为行政机关对某一事项的考虑遗漏，或就各种应斟酌的事项具有衡量错误。①

### （一）从语义阐释到价值选择

20 世纪 50 年代，巴霍夫在不确定法律概念与裁量的二分法基础上提出判断余地理论，但未立即对核能法领域的司法审查产生影响。这是因为，行政与司法实践都将核能规制视为传统警察法上的危险防止。因此，在 70 年代以前联邦污染防治法和核能法领域，司法实践对发电厂设立和经营许可要件的适用奉行全面审查原则。② 曼海姆高等行政法院在"乌尔核电站案"中便对核能法中的不确定法律概念在经典警察法的意义上进行理解，因而主张对其适用进行全面的司法审查。在其看来，德国《核能法》第 7 条第 2 款的"损害预防"限于传统警察法上的危险防止，行政机关对此不享有判断余地。在与格拉芬赖恩费尔德（Grafenrheinfeld）核电站有关的维尔茨堡（Würzburg）行政法院判决中，法院明确表明了全面司法审查的态度。"对核能许可诉讼重要的是，……必要预防是否满足。对必要预防进行法律解释蕴含着，司法权应当在内容上进行全面审查。"③ 在 20 世纪 80 年代前，德国行政法院在核电站诉讼中采取了全面审查的立场，核电站规制的行政判断余地并未得到法院承认。

行政机关面对科学技术的专业知识及风险的不确定性，不仅仅展示

---

① 有关德国核电站诉讼的具体研究，可参见伏创宇《核能规制与行政法体系的变革》，北京大学出版社，2017，第 136 ~ 179 页。

② Fritz Ossenbühl, "Die gerichtliche Überprüfung der Beurteilung technischer und wirtschaftlicher Fragen in Genehmigungen des baus von Kraftwerken," *Deutsches Verwaltungsblatt* 1978, S. 3.

③ VG Würzburg, Urteil vom 25. 3. 1977 – Nr. W 115 II/74.

专业判断，还需要在各种不同的专业观点与多元的利益博弈中作出价值选择。施勒维希（Schleswig）行政法院在 1980 年的布罗克多夫（Brokdorf）核电站判决中对司法权的收缩打下了"预防针"。"对《核能法》第 7 条第 3 款不确定法律概念的司法审查应当考察现有国家权力结构中行政权和司法权的分工。"[①] 在核能法领域，司法应当有所节制。"行政法院不能通过司法审查，以自己的判断代替行政机关对科学争议的评价。"[②]联邦宪法法院在萨斯巴赫（Sasbach）判决中改变了全面审查的基调，对核能规制的评价属性予以观照，确立了核能法领域合法性审查的基本立场。"行政许可机关在法律规范下不存有恣意的调查和评价范围内，依据科学技术的发展水平，采取必要的损害预防和对破坏活动或者其他的干扰采取预防措施。法院对行政调查和评价只能进行合法性的审查，而不能以自己的评价代替行政机关的立场。"[③]这是因为，《核能法》第 7 条的适用无法摆脱评价的立场，这种评价属于主管行政机关的权限范围。因此，法院的角色受到相当大的限制。对不确定法律概念适用的司法审查，法院在核能法领域中采取了克制的态度，这对之后联邦行政法院的立场产生了深远的影响。行政承担了更多的规制责任，而司法在实体问题的审查上保持克制。

## （二）功能视角的论证逻辑

联邦行政法院以"乌尔核电站案"的判决（以下简称"乌尔判决"）为契机，从功能的视角开启了一种新的司法审查模式。该裁判通过对立法的阐释，建构了核能规制的"最佳危险防止与风险预防原则"（Grundsatz der bestmoeglichen Gefahrenabwehr und Risikovorsorge）。其提出，"风险调查和风险评价属于行政机关的责任范围"，对之后的核能裁

---

① VG Schleswig, *Neue Juristische Wochenschrift* 17, 1980, 1296.

② VG Schleswig, *Neue Juristische Wochenschrift* 17, 1980, 1297.

③ BVerfGE 62, 82, S. 115.

判影响甚大，为核能法领域中的司法审查奠定了司法节制的基调。其论证逻辑如下。

首先，行政权担负着对科学争议问题进行判断的责任。风险调查和风险评价中的不确定性，应当依据潜在担忧（Besorgnispotential）的标准，通过充分谨慎的评估予以克服。行政许可机关不能仅仅依赖主流的多数见解，还应当考虑各种合理的科学认知。在科学知识外，风险调查的过程还蕴含着价值选择。根据德国《核能法》第 7 条第 2 款第 3 项的"规范结构"（依照科学技术的发展水平采取必要的预防措施），风险调查和风险评价的责任属于行政。风险调查和风险评价中的谨慎评估，并非要对每一种科学见解都予以迎合，而是对各种开放的科学观点进行衡量。因此，科学问题争议的评价最终归属于行政权。

其次，行政机关的风险评价不属于行政法院事后审查的范围。针对风险评估等科学问题，行政法院不能以自己的评价代替行政机关的评价。在最佳危险防止和风险预防基本原则的实现上，行政权不仅相对于立法权，而且相较于司法权，在规制手段上具有更大的"装备"优势（sehr viel besser ausrüsten）。因而在权力分立原则下，行政法院对行政机关的评价限于合法性审查，不能以自己的判断代替行政评价。[1] 其以宪法上的权力结构为基础，事实上承认了行政判断余地，亦因此，司法权应有所节制。

最后，关于司法审查角色的定位。乌尔判决确立了具体的审查标准，行政法院只能对行政活动进行有限的审查，即审查行政机关是否存在调查上的恣意，以及行政机关在此方式下确定的放射线暴露值，在不确定性下是否属于足够谨慎的评估。[2] 该判决与联邦宪法法院的卡尔卡（Kalkar）判决一脉相承："容许使用快滋生技术的决定究竟带来实害还

---

① 该观点在 1982 年联邦宪法法院的判决中明确提出。BVerfGE 61, 82, S. 114.
② BVerwGE, 72, 300, S. 320.

是利益，只有未来能证明；在一个必然受制于不确定的情况下，首先是立法者与政府的政治性责任。以自己的评价来取代被授予此责的政治性机关地位，并非法院任务，盖司法审查欠缺规范性标准。"① 乌尔判决奠定了法院对核电站安全规制决定进行有限审查的立场。联邦行政法院在1988年1月14日米尔海姆—凯里希判决中进一步强调，德国《核能法》第7条第3项已经决定将风险评估责任赋予行政机关，行政法院只得依现行科学技术的发展，审查主管机关是否已充分调查事实并以之为评价基础。

### （三）　适用范围的扩展

联邦行政法院在"核电站武器装备案"（Bewaffneter Werkschutz im Kernkraftwerk）中正式确认了行政机关的判断余地。② 该案裁判将行政判断余地从德国《核能法》第7条第2款第3项之"按照科学技术的发展水平采取了必要的损害预防措施"的适用，扩展到"对其他破坏活动或者第三人的不利影响采取预防措施"的适用。两者虽然存在差异，但都在核电站许可的范围内。在核燃料贮存领域，司法实践也承认了该原则的适用。行政判断余地在核能法领域长期以来得到坚持和贯彻，其核心理念在于，行政机关对风险调查和风险评价承担责任。法院在司法审查中，不能用自己的评价代替行政机关对科学问题的判断和风险评估。

在基因技术法领域，联邦行政法院更是将核能法实践中发展出来的理论和原则运用到了极致，完全展示了乌尔判决的理由和精神。在1999年4月15日联邦行政法院的裁决中，核能法领域所适用的司法审查原则首次扩展适用于与《核能法》"规范结构"类似的《基因技术法》（Gesetz zur Regelung der Gentechnik）。③ "《基因技术法》如《核能法》一

---

① BVerfGE 49, 89.

② BVerwGE, Urteil vom 19. Januar 1989, *Neue Juristische Wochenschrift* 1989, 3031.

③ BVerwGE, *Neue Zeitschrift für Verwaltungsrecht* 1999, 1232.

样，也承认行政机关拥有行政法院应当尊重的判断余地。……有关基因技术设施安全要求的规范以及《基因技术法》第 6 条第 2 款、第 13 条第 1 款第 3 项和第 4 项所规定的基因技术工作安全要求的规范，具有与《核能法》第 7 条第 2 款第 3 项相同的规范结构。因为这些规范所涵盖的行政机关的义务，不局限于危险防止，还包括依据科学技术的发展水平采取的风险损害预防。"① 基于此，法院如同对《核能法》第 7 条第 2 款第 3 项的解释一样，对《基因技术法》相关条款中的权力分配予以类似的阐释。

可见，无论是在核能法领域，还是在基因技术法领域，行政决定都体现了与传统警察法上危险防止不同的属性，更多地服务于最佳风险预防原则的实现。除此之外，不同国家权力在风险规制手段与效果上的差异，也影响着权力的边界。行政判断余地的承认，还需要国家对权力在风险规制上的功能给予更多观照。

## 二 日本核电站诉讼中的司法审查密度

日本现行审判制度仿效美国建置，并无专门的宪法法院或行政法院，所有种类的诉讼包括与核电站有关的行政诉讼均由普通法院审判。相较于德国的数百件裁判，日本的核电站诉讼案件则少很多，截至 2012 年 7 月，涉及核电站的行政诉讼仅有 12 起。② 与德国对核电规制的司法审查聚焦于不确定法律概念的适用与行政判断余地不同，日本核电站诉讼的司法审查则将核电规制视为行政裁量，立场上也较为消极。

### （一）避免实体判断代置

日本核电站诉讼的第一案是伊方核电站撤销许可诉讼。四国电力公

---

① BVerwGE, *Neue Zeitschrift für Verwaltungsrecht* 1999, 1232.
② 至于民事诉讼方面，包括地方法院、高等法院与最高法院等作出的实体判决则累积达 35 件，参见罗承宗《再访日本核电厂诉讼》，《月旦法学杂志》总第 219 期，2013。

司当时计划在爱媛县西宇和郡伊方町设立核电站，日本政府依法于 1972 年 11 月 28 日颁发核电站设置许可。人口当时仅有 9000 余人的伊方町居民在是否赞成核电站设置的问题上存在意见分歧。反对核电站设置的一方担心，当地种植的主要作物柑橘的市场印象将恶化，核电站的温排水也可能导致渔产丰富的海洋生态系统遭到破坏，因而采取了各种抗争手段，核电站设置地周边的 35 名居民针对政府的核电设置许可提起行政诉讼。伊方核电站诉讼第一审判决虽驳回原告请求，但该判决的历史意义在于作为日本首例核电站诉讼案，开启日本将行政诉讼手段作为核电站争议解决机制的先河，该案更被称为日本首起科学诉讼。[①]

一审法院主张，核电站安全性的判断高度依赖科学的专门知识，因此属于被告的裁量权限。法院的审查可以分为两方面，一是重新审查核电站是否安全的判断，二是尊重行政机关的判断，行政决定只有明显不合理以致产生裁量逾越或滥用时，才能被推翻。作为被告的行政机关掌握核电站安全审查的资料，并拥有丰富的专家资源，而原告相对处于弱势地位，因而原则上应当由被告就核电站的安全性是否达到法定标准承担举证责任。法院对核电站安全性的司法审查并非要进行全面、积极的审理判断，不应采取实体判断代置的方式，而应维持必要的界限，只能从现有科学的角度对行政机关的安全判断是否合理加以审查。[②]

之后的一些核电站诉讼中，法院延续了将核电站许可决定视为行政裁量的做法。如福岛第二原发第一审判决认为："司法审查之对象，应依照为处分时适合各指针之科学技术水准，判断有无合理性。"东海第二原发第一审判决主张："判断其是否未逸脱裁量之范围或滥用裁量权，且有合理之根据。"[③] 裁量滥用审查指法院承认行政判断与裁量只限于审查事实是否存在错误，是否违反比例原则、平等原则或者存在明显不合

① 参见罗承宗《再访日本核电厂诉讼》，《月旦法学杂志》总第 219 期，2013。
② 参见罗承宗《再访日本核电厂诉讼》，《月旦法学杂志》总第 219 期，2013。
③ 参见陈春生《核能利用与法之规制》，（台北）月旦出版社股份有限公司，1995，第 319 页。

理的裁量逾越或滥用情形，这使法院往往不会推翻行政机关有关核电站的规制决定。

### （二） 实体审查的昙花一现

面对核电站安全判断的科学知识要求与面向未来的属性，司法固然应当维持谦抑性格，避免"伽利略判决般的愚昧错误"，但日本法院似乎忽视了法院在核电站安全规制中应当承担的监督功能。直到 21 世纪初，日本两个地方法院的裁判才意图摒弃司法过度谦抑的立场，保留法院对行政机关实体上的审查。这两个裁判是 2003 年名古屋高等法院金泽分院确认福井县"文殊反应炉"设置许可无效的判决与 2006 年金泽地方法院责令石川县志贺核电站二号机停止运转的判决，其中后者属于民事裁判。①

日本福井县"文殊反应炉"于 1983 年取得设置许可，1985 年开始动工，原告对此提起确认设置许可无效的行政诉讼，福井地方法院于 1987 年以居住于该核电站半径 20 公里内的 17 名当事人原告不适格为由驳回了起诉，经当事人上诉名古屋高等法院金泽分院后，最高法院于 1992 年肯定了当事人的原告资格，并发回福井地方法院重新审理。福井地方法院于 2000 年以"国家采用的安全审查方针与审查基准，并无不合理之处，以及核电站的设置条件、耐震设计、事故防止对策等作为，足以确保核电机组的安全性"为由，驳回了原告的诉讼请求。原告上诉后，名古屋高等法院金泽分院历时近 3 年的审判，以"原审判决的安全性审查具有明显的瑕疵与缺陷"为由，撤销了一审判决，并作出了具有历史意义的确认"文殊反应炉"设置许可无效的判决。遗憾的是，该判决后被最高法院推翻，这意味着日本所有的核电站行政诉讼全部以败诉告终。

---

① 参见罗承宗《再访日本核电厂诉讼》，《月旦法学杂志》总第 219 期，2013。

另一件广受瞩目的胜诉判决，则属民事救济性质。1999 年北陆电力公司于石川县志贺町动工兴建志贺核电站二号机组，当地 135 名住民于同年 8 月对北陆电力公司提出停止兴建诉讼（后更改请求为停止运转）。2006 年 3 月，金泽地方法院判决原告住民胜诉，责令被告北陆电力公司停止当时启用运转还不到 10 天的志贺核电站二号机组。法院的核心观点是该核电站处于活断层带，规制机关并未将此断层带引发的地震问题纳入考虑。而且阪神大地震作为发生规模超过里氏 7 级的直下型地震，凸显过去制定的核电站耐震基准已不合时宜。

上述两个案件的地方裁判，意味着法院从核电站安全的程序审查转向实体判断，但只是"昙花一现"。直到日本福岛核电站事故后，法律修订明确了新的安全规制基准，法院再次转向对核电站安全规制决定的实质审查。

### （三）　日本核电站诉讼进行低密度司法审查的理由

与德国区分不确定法律概念与行政裁量不同，日本法院采用要件裁量与效果裁量的统一裁量论，对核电站行政案件的司法审查以裁量逾越或滥用为标准。是否构成裁量滥用，又进入了司法裁量的范畴，这源于核电站规制决定涉及专门的技术判断。除此之外，日本学者将核电站诉讼进行低密度司法审查的理由归纳为以下四个方面。[①]

其一，核安全文化的影响。历时数十年、耗费数千亿的"核电为安心、安全、必要"的宣传广告，早已完全渗入日本国民乃至法官的内心。换句话说，政府以日本为资源小国、核能发电乃不可或缺等主张笼络国民，法官也随之抱持类似的预断与偏见。

其二，司法审查标准的宽松掌握。法院普遍认为，只要被告能证明核电设施许可符合安全审查标准、耐震设计标准等，就等同于肯认被告

---

① 相关分析参见罗承宗《再访日本核电厂诉讼》，《月旦法学杂志》总第 219 期，2013。

已证明核电的安全。

其三，御用学者的加持。社会上存在许多具有权威性的御用学者，站在协助国家与电力公司的立场上为核电站安全提供论证。这也造成行政诉讼双方当事人的武装不对等。

其四，法官的独立性不足。核电站规制的政策性较强，法官具有依附国家权力与尊重行政裁量权的倾向，进而导致核电站诉讼中消极的司法审查。曾经为日本首起核电行政诉讼"伊方核电站诉讼案"中安全问题背书、力主核电站许可不具违法性而驳回原告请求的最高法院法官味村治在退休后公然空降到核电制造商东芝公司，担任其外部监察人职务。这难免对司法承担核电站规制审查与监督职能的公信力产生损害。

## 三 美国核电站诉讼中的司法审查密度

由于受到民权运动组织、环保主义者、有关科学家及其他人士的压力，美国法院必须要面对众多的核电站诉讼及司法审查。自 20 世纪 70 年代以来，核电站诉讼是美国反核运动的重要组成部分，这主要体现为对核电站许可提起的诉讼，对核能规制产生了积极的推动作用。在美国核电站的许可过程中，当事人有权围绕以下事项针对规制机关提起诉讼，包括核电站的安全问题、听证程序问题以及行政规则的合法性问题。（1）在核电企业申请建设许可与运营许可后，如果听证被拒绝或者在听证中提出的意见未被规制机关考虑，有资格的主体可以提起诉讼；（2）在核电站建设完成后，核能规制委员会应当针对核电站是否符合法律进行听证，当事人有权针对听证义务的履行提起诉讼；（3）核电站投入运营后发生事故或出现问题，因此提起诉讼；（4）核电企业提出许可证延续申请，核能规制委员会应当举行公开听证，可针对听证义务的履行提起诉讼；（5）针对核能规制委员会出台的行政规则提起诉讼，包括行政规则的制定是否遵循较高的安全标准，是否足以应对恐怖袭击、自然灾害等状况。[①]

总体上，法院对核电站规制的司法审查表现出较为消极的态度。只有个别下级法院在核能规制领域采取司法积极立场，偶尔宣布原子能委员会或核能规制委员会的行为无效，并判决责令其采取更严厉的规制措施，以保护环境与公众的健康与安全。[②] 法院总体上宽松的司法审查密度遭到不少学者批评，但随着美国核电站发展的停滞，这些批评日渐式微。

### （一） 消极司法审查的开端

美国联邦最高法院审理的首起核电案件是 1961 年"核反应堆开发公司案"。当时的核电站许可采用建设许可与运营许可相分离的方式，原告进行质疑，在位于托莱多市与底特律市之间的地域而非偏远地区，建造一个实验性的增殖反应堆，可能危及这一人口高度密集地区上百万人的健康与安全，并主张原子能委员会对增殖反应堆建设许可的安全评估，没有达到原子能委员会的规定和国会要求的详细程度。该反应堆距离密歇根州底特律市中心约 35 英里（约 56 公里），距离俄亥俄州托莱多市中心约 30 英里（约 48 公里）。哥伦比亚特区巡回上诉法院的判决主张，建设许可与运营许可的安全分析应当具有相当详细的程度，原子能委员会在颁发核电站建设许可前未足够认真地考虑安全问题，明显与国会的立法意图相悖，且未对其决定承担举证责任。"我们认为国会在安全问题上的考虑是很清楚的，没有令人信服的理由，国会不想把反应堆置于一个使大量人口容易受可能的核灾难影响的地方。"[③]

---

① 参见 Evelyn Atwater, "Nuclear Courtrooms and Administrative Law: Understanding the Fail-to-prevail Trend in Anti-nuclear Litigation,"*Penn Undergraduate Law Journal* 3(2016):107。

② 参见 178 U. S. App. D. C. 325, 547 F. 2d 622, and 178 U. S. App. D. C. 336, 547 F. 2d 633, the Court of Appeals for the District of Columbia Circuit。

③ *Power Reactor Development Co. v. International Union of Electrical, Radio and Machine Workers, AFL-CIO, et al.* 367 U. S. 396(1961)。

但巡回上诉法院的裁判被联邦最高法院推翻，原子能委员会的决定得到联邦最高法院的尊重，后者主张原子能委员会已经依照法律采取了必要的措施，并"合理保证"核反应堆能够在所选场址安全运转。相关法律并没明确界定何为"令人信服的理由"，而建设许可仅是对反应堆的安全问题进行初步判断，最终是否安全的判断留待运营许可审查解决，与运营许可审查不一样，建设许可审查无须对核反应堆安全问题作出确定（definitive）且令人信服的判断。①

该案开启了美国核能法领域消极司法审查的先河，有学者批评，法院此后往往通过解释"核反应堆开发公司案"的判决，以缩小对原子能委员会和核能规制委员会决策审查的范围，因而削弱了对这一引起严重社会后果的规制领域进行司法监督的效果。② 法院拒绝适用美国《行政程序法》第 706 条规定的司法审查标准，即"全部记录"是否支持核能规制机关作出核电站安全得到"合理保证"的决定。在 20 世纪 70 年代，美国的核能诉讼及引发的讨论达到高峰，特别是在 1979 年三里岛核电站事故后尤甚。到 80 年代中期，核能诉讼的数量逐渐变少，联邦最高法院在 1969 年到 1984 年的 15 年间共裁决了 15 起核能案件，而在 1984 年到 2014 年的 30 年间只审理了 4 起相关案件。

### （二）峰回路转之后的保守立场

回避适用美国《行政程序法》第 706 条的立场，在"莫宁赛德复兴委员会诉美国原子能委员会案"（*Morningside Renewal Council*, *Inc.* v. *United States Atomic Energy Com.*）的裁判中得以软化。联邦巡回上诉法院第二巡回法庭认为，原子能安全与许可委员会的"全部记录"能支持反应堆的运营不会危害公众健康与安全的结论，并重申只要核能规制机关根据

---

① *Power Reactor Development Co.* v. *International Union of Electrical, Radio and Machine Workers, AFL-CIO, et al.* 367 U. S. 396(1961).
② 参见肯尼思·F. 沃伦《政治体制中的行政法》（第三版），王丛虎等译，中国人民大学出版社，2005，第 642 页。

"全部记录"中的实质性证据支持其决定，那么"推翻原子能安全与许可申诉委员会的决定就不在法院的权限范围之内"。① 该案中，原子能委员会虽驳回了上诉者的安全异议，但至少允许他们在决定作出前的听证会上表达意见，并将这些意见作为记录的一部分。

　　"佛蒙特·扬基核电公司诉自然资源保护协会案"（*Vermont Yankee Nuclear Power Corp.* v. *Natural Resources Defense Council，Inc.*）（以下简称"佛蒙特·扬基案"）的判决，或许是美国核能法史上最有影响力的司法裁判，标志着联邦最高法院在核电站安全纠纷解决中尊重行政机关判断的立场。该案涉及核能规制委员会的规章制定程序是否足以为核电反应堆许可有关的安全与环境问题提供全面的沟通机制。伦奎斯特大法官在法庭意见中明确表示，尽管旨在探究安全与环境问题的规章制定程序具有"被察知的不完备性"，司法机关却无权强迫规制机关采用国会未规定的规章制定程序。② 联邦最高法院在"大都市爱迪生公司诉反核能者组织案"（*Metro. Edison Co.* v. *People Against Nuclear Energy*）③的裁判中重申了"佛蒙特·扬基案"裁判的主旨。该案的争议在于核能规制委员会针对"三里岛1号核电站发生事故的风险是否可能损害周围地区居民的心理健康与社区幸福"，拒绝举行听证会是否违反《国家环境政策法》（*National Environmental Policy Act，NEPA*）。联邦最高法院主张核电站对心理健康的损害不能等同于对客观环境的损害，"假如损害与客观环境没有足够密切的联系，就不适用《国家环境政策法》"，因而法院判决当时的核能规制委员会无须考虑反核团体提出的异议。

　　1983年最高法院在"巴尔的摩天然气与电力公司诉自然资源保护协会案"（*Baltimore Gas & Elec. Co.* v. *Natural Resources Defense Council，Inc.*）的裁判中，更是强化了对核能规制委员会决定的司法尊重。作为原告的自

　　① *Morningside Renewal Council, Inc.* v. *United States Atomic Energy Com.*，482 F. 2d 234(1973).
　　② *Vermont Yankee Nuclear Power Corp.* v. *Natural Resources Defense Council, Inc.*，435 U. S. 519(1978).
　　③ *Metro. Edison Co.* v. *People Against Nuclear Energy*，460 U. S. 766(1983).

然资源保护委员会与纽约州提出诉求，要求核能规制委员会在授予核电站许可时考虑核废物贮存的环境影响。除鲍威尔大法官缺席外，最高法院以8 票对 0 票的绝对优势驳回了原告的诉讼请求，指出："法院必须注意到，核能规制委员会是在专业知识的范围内针对科技问题作出预测决定的。不同于对一般事实问题的审查，法院对科学问题的决定必须保持最大的尊重（be at its most deferential）。"① 1984 年"谢弗林案"（*Chevron U. S. A. , Inc.* v. *Natural Resources Defense Council*）的裁判更是奠定了"在国会沉默或国会的意图模糊不清的情形下"，对行政决定予以司法尊重的基调。这还可从联邦最高法院上诉法庭于 2004 年"护河者公司诉柯林斯案"（*Riverkeeper，Inc.* v. *Collins*）的裁判理由中得到印证："无论如何，法官既不是科学家，也不是技术专家。"②

### （三） 失败的核电站司法审查史

针对美国核电站规制的司法审查状况，沃伦教授称其为"一段失败的司法审查历史"，理由如下。（1）下级法院作出的要求更严格规制的判决，频频被联邦最高法院推翻。联邦最高法院普遍认为，下级法院应该避免要求核能规制委员会采取比国会要求更强有力的管制程序。（2）法院遵从规制机关的裁量决定和专家意见，是想避免处理与安全相关的实体问题。（3）法院不能适当地理解实体性问题，也不能理解这些实体性安全问题与程序性考虑之间重要的规制联系。③ 因而沃伦教授主张，法院在核电站安全规制中应承担积极的作用。"在法院可以对核管制方面的争议提供有效审查之前，必须重构司法体系以便法官们有能力进行全面的事实审，以弄清核管制决定是否得到《行政程序法》第 706 条所规定的

---

① *Baltimore Gas & Elec. Co.* v. *Natural Resources Defense Council, Inc.* ,462 US 87(1983).

② *Rirerkeeper, Inc.* v. *Collins*, 359 F3d 156(2d Cir 2004).

③ 参见肯尼思·F. 沃伦《政治体制中的行政法》（第三版），王丛虎等译，中国人民大学出版社，2005，第 640 页。

'全部记录'中'主证据'的证明。"① 换言之，即便核电规制机关在法律框架下享有裁量权，法院也有义务审查规制决定是否存在恣意与滥用情况。

自 1989 年以后，所有针对美国核能规制委员会与核电企业的诉讼在联邦巡回上诉法院全部以失败告终，这可以归因于有限度的司法审查以及对核能规制委员会决定的相当大尊重。② 其中的理由主要体现为核能规制机关拥有的广泛裁量权以及核能规制事项的专业性。

其一，对核电规制裁量进行司法审查的标准适用较为宽松。在美国，核能规制受到《国家环境政策法》、《行政程序法》以及《原子能法》的约束。与核电站诉讼的司法审查标准相关的是《行政程序法》第 706 条第 2 款第 A 项"恣意、反复无常、滥用裁量权或存在其他不合法的行为"以及第 E 项"缺乏实质性证据支持"的规定，核电规制因而受到较低标准的司法审查。只有行政决定明显不合理，或根据"全部记录"所作的决定"缺乏实质性证据支持"，才会被法院推翻。

其二，在举证责任的承担上，原告应当举证证明核能规制委员会的决定滥用裁量权，或者缺乏实质性证据支持。针对听证程序的适用，当事人应当举证证明核能规制委员会的决定不合理（unreasonably）或不适当（improperly）。只有核能规制委员会在制定行政规则的过程中忽视了关键证据，行政规则才会被撤销。如果是针对核电站的安全问题提起诉讼，原告须承担较高的举证责任来证明核能规制委员会的决定不合理（unreasonable）或存在错误（incorrect）。亦因此，大多数核电站诉讼的请求围绕程序问题展开，试图在美国《行政程序法》的框架下借助程序违法推翻实体决定。③

---

① 参见肯尼思·F. 沃伦《政治体制中的行政法》（第三版），王丛虎等译，中国人民大学出版社，2005，第 654 页。

② Evelyn Atwater, "Nuclear Courtrooms and Administrative Law: Understanding the Fail-to-prevail Trend in Anti-nuclear Litigation," *Penn Undergraduate Law Journal* 3(2016): 93.

③ 参见 Evelyn Atwater, "Nuclear Courtrooms and Administrative Law: Understanding the Fail-to-prevail Trend in Anti-nuclear Litigation," *Penn Undergraduate Law Journal* 3(2016): 108 – 109。

即便美国核电站诉讼的原告一般属于具有较强诉讼能力的主体，法院也仍然倾向于维持规制机关的决定。根据有学者对 1989 年至 2014 年美国联邦巡回上诉法院的 30 个核电站许可诉讼的裁判的研究，其中 29 起案件的当事人或其代理律师具有较强的诉讼能力，资金支持状况良好，拥有兼具能力与丰富经验的诉讼团队，涉及环保团体、公益组织、反核团体以及地方政府，如塞拉俱乐部（Sierra Club）率先于 20 世纪 70 年代提出环境诉讼策略，一直属于具有影响力的环境诉讼当事人。[1]

其三，法院谨慎地遵循宪法确立的权力分立结构与司法审查界限。司法审查必须在美国《行政程序法》《国家环境政策法》《原子能法》的框架下展开，且美国联邦最高法院通过"谢弗林测试"强化了司法尊重的立场，这或许可以解释法院为何在核电站诉讼中一直秉承较低的司法审查密度。

法院在核电站诉讼中仅有限地触及程序问题，而不愿去审查实体问题。程序问题审查的结果，体现为法院判令核能规制委员会对其决定进一步说明理由，[2] 或者判令核能规制委员会在授予核电站许可时考虑是否增加紧急疏散培训的要求。[3] 在一起案件中，核能规制委员会未严格适用其制定的规则，即要求电线在火灾或事故中防火绝缘的持续时间达到 60 分钟以上，将针对印第安角（Indian Point）核电站的规制标准降低至 24 分钟，且排除了公众参与，法院判令核能规制委员会针对排除公众参与应当书面说明理由。[4] 核能规制委员会由此针对电缆的防火问题开展公众评论程序，重新对疏散培训问题进行考虑，对行政决定进一步说明理由。这些程序上的瑕疵，最终也未能改变法院对实体决定的立场与

---

[1]　参见 Evelyn Atwater, "Nuclear Courtrooms and Administrative Law: Understanding the Fail-to-prevail Trend in Anti-nuclear Litigation," *Penn Undergraduate Law Journal* 3(2016):104。

[2]　*Massachusetts v. United States Nuclear Regulatory Comm'n.*, 924 F2d 311(DC Cir 1991).

[3]　869 F2d 719(3d Cir 1989).

[4]　*Brodsky v. United States Nuclear Regulatory Comm'n.*, 704 F3d 113(2d Cir 2013).

态度。司法尊重是常态，针对核电站规制诉讼的胜利只是偶尔出现在程序层面上，且无法对实体决定形成最终挑战。这或许可归结于法院的司法审查界限，"法院仅依据宪法或国会所授予的权力来对行政决定进行司法审查"。[①]

其四，政治环境对美国核电站诉讼中的司法审查产生影响。在宪法与法律的框架内，当法院拥有审查的自主空间时，政治与社会因素会对司法审查密度产生影响。美国联邦最高法院审理核电站诉讼第一案"核反应堆开发公司案"时，正值美国与苏联对抗带来的科技发展需求时期，而且当时商业核电项目与核武器的发展联系紧密，关系到国家安全，核电站项目处于发展初期也一定程度上促成了司法尊重。[②]

尽管美国法院在核电站诉讼中秉承较为保守与消极的司法审查立场，司法审查仍不失为对核电站安全规制进行监督的一种重要手段。相较于公众抗议活动、国会游说等影响核能安全规制的方式，核电站诉讼更为方便、经济且相对直接。核电站诉讼会产生延长核电许可进程的效果，且导致核电营运企业面临法律、财务等方面的风险，因而在诉讼结果以外发挥潜在的威慑效应。

## 四　我国法院在核电站安全规制中的角色

由上可见，核电站诉讼与司法审查作为核电站安全规制的一种重要手段，在德国、日本与美国的具体状况存在差异。无论德国、日本、美国在核电站诉讼中的司法审查密度如何，都表明法院体现出一定程度的尊让，这在某种意义上是核电站诉讼涉及专业判断导致的结果。不同的是，德国宪法法院不仅积极地对核电站安全规制的原则与法律条款进行

---

① *Riverkeeper, Inc.* v. *Collins*, 359 F3d 156(2d Cir 2004).

② 参见 Joel Yellin, "High Technology and the Courts: Nuclear Power and the Need for Institutional Reform," *Harvard Law Review* 94(1981)：514 – 515。

从严的合宪性解释，还将核电站的安全判断作为不确定法律概念予以适用，限缩规制机关的判断空间。而日本、美国法院在司法实践中普遍将核电站安全问题的判断视为行政裁量。核电站安全判断是否属于裁量范畴，并非没有争议，有学者也主张核电站的许可关系到居民的生命健康安全，安全判断不存在复数选择，不应归入裁量处分的范围。[①] 法官并非科学技术领域的专家，有关科技的决定或许更适合保留给规制机关的专业人员，但过度尊重也会架空司法审查在核电站安全规制中的地位与作用，规制的合法性、合理性与透明性可能因此受到损害。

迄今为止，我国尚未有核电站规制引发的诉讼，但法院对核电站安全规制的监督功能不容忽视。我国行政法学在相当大程度上受到判断余地理论的影响，大多主张司法在涉及行政的专业判断上应当退让。[②] 这种观点不仅对德国有关行政判断余地的理论与实践有所误读，且未注意到美、日等国核电站安全规制中司法角色引发的种种争议。并非所有的不确定法律概念都意味着与行政判断余地"相生相伴"。相反，判断余地的承认只是法治国原则的例外，这种例外需要特别和谨慎的理由。除此之外，行政裁量的审查也不意味着司法的一味退让，在保持司法尊重的同时仍须在法定的框架内履行规制监督与权利保障的职能。

## （一）核电站安全规制的司法审查进路

从域外来看，对核电站安全规制的司法审查大致存在两种路径。一种采用不确定法律概念适用的审查方式，同时承认行政判断余地，该种路径以德国为代表。另一种是行政裁量的审查，遵循裁量滥用的审查标准，该种路径以日本、美国为代表。两种路径都在某种程度上体现司法

---

① 参见陈春生《核能利用与法之规制》，（台北）月旦出版社股份有限公司，1995，第314页。
② 参见郑智航《专家委员会参加政府行政的法律效力及其司法审查》，《政治与法律》2013年第6期；伍劲松《行政判断余地之理论、范围及其规制》，《法学评论》2012年第3期；尹建国《行政法中不确定法律概念的类型化》，《华中科技大学学报》（社会科学版）2010年第6期。

谦抑的原则，但在具体审查标准与审查方法上存在差异。

其一，司法审查标准的差异。德国行政法学较为主流的不确定法律概念与行政裁量的二元论，加上作为核电站许可法律要件的"按照科学与技术的发展水平采取了必要的预防措施"，使核电站许可的司法审查遵循不确定法律概念适用的审查标准。基于核电站安全规制的功能分析视角，承认行政机关的判断余地是法院普遍的做法，但法院并没有放弃司法审查，而是将司法审查限定于合法性审查，即规制机关是否存在调查上的恣意，风险评估是否足够谨慎。

日本、美国则将核电站安全规制的行政许可与监督权行使视为行政裁量，遵循行政裁量的司法审查标准。即便日本面向的是"其位置、构造及设备在防止因核反应堆而引发的灾害上不存在障碍"等法律事实要件的适用，司法实践仍在统一的裁量论之下审查规制决定是否存在裁量逾越或裁量滥用。美国则按照《行政程序法》的"恣意、反复无常、滥用裁量权或存在其他不合法的行为"以及根据"全部记录"所作的决定是否"缺乏实质性证据支持"的规定，对核电规制决定展开司法审查。

两种审查路径差异的背后是不确定法律概念与行政裁量是否二分的分歧，但实质上都走向司法的尊让。审查标准的不同无法简单地反映出司法尊让程度的差异，因为具体审查方式的运用也会对审查密度产生重要影响。

其二，司法审查方式的差异。行政判断余地的承认与行政裁量的有限审查，都不意味着法院放弃司法审查。两者在具体的运用中显示出司法审查的不同密度。

德国法院虽然一直以来在核电站诉讼的司法审查中承认行政判断余地，但仍未能避免对同一问题审查的结论有分歧。1997 年有关奥布里希海姆（Obrigheim）核电站的判决将针对超设计基准事故的损害预防视为剩余风险的减少，与此针锋相对的是，联邦行政法院在"布伦斯比特尔（Brunsbüttel）核电站案"中将其归入必要损害预防的范畴，并主张规制机关对安全保障方案的层级划分具有静态性，不利于基本权利的动态保护，不能作为区别风险预防与减少剩余风险的依据。① 即便承认行政判断余地，始终宣称"法院不能通过自己的评价来取代行政机关的风险评估决定"，但司法审查仍然展示了相较于行政裁量审查更大的弹性空间，甚至在行政机关的判断之外，将客观情势变化（如美国"9·11恐怖袭击事件"）对核电站安全保障风险的挑战纳入考量，进而推翻规制决定。

而将核电站规制决定视为行政裁量进行司法审查，也呈现出审查密度的不尽一致。日本在伊方核电站诉讼的最高裁决中奠定了对行政裁量的程序判断方法，遵循的是安全审查与判断的过程中是否存在"难以忽视的错误和疏漏"标准，而未介入安全性的实体判断。但志贺核电站禁制诉讼的地方裁判以所在地域曾多次发生超过基准的地震为由，认定核电站的许可决定欠缺安全性的保障。特别是福岛核电站事故后，日本于2013年修改《原子炉规制法》第1条，增加规定"预想将来发生大规模自然灾害、恐怖攻击及其他犯罪行为"并采取必要的规制（necessary regulations）。新规制基准颁布后，从程序审查走向实质审查出现在大饭核电站与高浜核电站运转禁制案件的裁判中，法院否认行政机关拥有独断的裁量权，进一步针对规制基准的合理性进行审查。即便核电设施已经通过新规制标准的要求，法院也有权自行审查，而不受行政机关规制判断的拘束。② 美国法院将核电站规制决定视为裁量进行审查，更多的是介入程序问题而非实体问题，包括说明理由、作出决定的程序等，表现出较为普遍的司法消极立场。

我国司法实践虽在一些专业性事项上保持"司法节制"，但从未明确提出"行政判断余地"的概念。总体上而言，我国对行政案件的司法

---

① BVerwGE 7 C 39. 07 am 10. April 2008，德国联邦最高行政法院网站，http：//www. bverwg. de/meDia/archive/6260. pdf，最后访问日期：2011年6月5日。
② 参见张裕芷《日本核电诉讼法律判断基准之探讨》，硕士学位论文，高雄大学，2016，第100～101页。

审查并未展现出较为明显的不确定法律概念与行政裁量二元论，加上核电站规制的司法实践缺失，很难对我国核电站规制的司法审查路径进行归类。从《行政诉讼法》第 70 条的司法审查标准来看，针对裁量行使设定的"明显不当"与"滥用职权"标准，更可能在与核电站有关的行政诉讼中得到运用。

### （二）核电站安全规制的司法审查密度

从域外来看，对核电站安全规制的司法审查始终保持较为克制的态度，且大多数案件中原告的诉讼请求被驳回。自 20 世纪 70 年代开始，日本要求撤销核反应堆设置许可，有关禁止建设、禁止运转、健康损害赔偿的民事诉讼与行政诉讼就不断发生，但原告胜诉的判决却只有 2 件，而且只是阶段性的胜诉。[1] 在美国，针对核电站安全规制提起的诉讼仅在个别地方法院获得支持，在联邦最高法院则"全军覆没"。德国核能规制领域司法审查的变迁，可描述为"行政担当了更多的法律具体化责任，而司法在实体问题的审查上承担了更少的义务"。[2]

可见，司法审查密度与司法审查标准之间并未呈现出十分紧密的对应关系，无论是在承认行政判断余地的前提下对风险调查是否恣意与风险评估是否足够谨慎的判断，还是对裁量滥用的审查，两者的审查密度大小都很难进行简单比较。或者说，对核电站安全规制的司法审查密度受到法定安全标准、国家政策、司法审查能力等多种因素的影响。

其一，司法审查密度受到法定安全标准的影响。法定安全标准的明确程度与具体要求不同，法院的司法审查密度调整的空间存在差异。以日本为例，核电规制早期遵循的法定标准，是《原子炉规制法》规定的"其位置、构造及设备在防止因核反应堆而引发的灾害上不存在障碍"，

---

① 参见王贵松《安全性行政判断的司法审查——基于日本伊方核电行政诉讼的考察》，《比较法研究》2019 年第 2 期。

② Hellmut Wagner, "30 Jahre Atomgesetz – 30 Jahre Umweltschutz," *Neue Zeitschrift für Verwaltungsrecht* 1989 S. 1110.

这种抽象而概括的法定标准成为司法审查消极立场的规范因素。为因应福岛核电站事故，《原子炉规制法》的修改则规定核电站再运作、运营与变更应当满足新的规制基准，要求对大规模自然灾害、恐怖袭击以及其他犯罪行为等采取必要预防措施，① 由此也带来司法审查从程序审查向实质审查转变的强化倾向。

美国对核电站规制的宽泛安全标准很大程度上影响了法院的司法审查。"随着受管制的活动变得越来越复杂，对非专家人士越来越难以理解，国会也越来越倾向于不限制管制机关的裁量权，它起草立法只要求行政官员遵守模糊的指导方针以实现模糊界定的技术性目标。当然，法院也受到核工业技术复杂性的困扰；并且，由于缺乏明确的法定标准帮助进行司法审查，法院也害怕涉足一个因缺乏必要的技术知识而无法自信地作出合理裁决的领域。"② 可见，法定的规制标准会影响核电站安全规制的司法审查密度。

其二，司法审查密度受到国家政策的影响。在美国，国家对核电发展的政策导向、国家之间的高科技竞争、核电利用对国家安全的重要性考量等，都会影响核电站规制司法审查的密度。③ 国家政策的实施潜移默化地形塑了核安全观念与文化，这对日本来说尤其如此。"政府以日本为资源小国、核能发电乃不可或缺等论点完全笼络国民，法官也随之抱持预断与偏见。结果导致诉求核电危险性的原告住民乃至于律师往往被法官当成一小群'放羊的小孩'，反复传诵'狼来了'的子虚乌有故事。"④

---

① 参见日本原子力规制委员会网站，https://www.nsr.go.jp/data/000070101.pdf，最后访问日期：2021 年 1 月 5 日。
② 肯尼思·F. 沃伦：《政治体制中的行政法》（第三版），王丛虎等译，中国人民大学出版社，2005，第 639 页。
③ 参见 Joel Yellin, "High Technology and the Courts: Nuclear Power and the Need for Institutional Reform," *Harvard Law Review* 94 (1981): 514 – 515。
④ 参见罗承宗《再访日本核电厂诉讼》，《月旦法学杂志》总第 219 期，2013。

由此可见，法院对核电站安全规制的司法审查不仅依据法定安全基准，还某种程度上反映了社会的风险认识与价值判断。将国家政策融入司法审查过程，本无可厚非，但不能侵蚀合法性价值及其判断。国家政策属于双刃剑，既可能加大司法审查的密度，这在日本核能规制基准变革后的司法审查实践中有较为清晰的体现，也可能成为减小司法审查密度的因素。但国家政策从负面影响司法密度的情形更为常见，这在域外核电站规制的司法审查实践总体概况中可见一斑。

其三，司法审查密度还受到司法审查能力的影响。影响法院对核电站安全规制司法审查的因素包括原告的诉讼能力、举证责任的分配与法官的专业能力等。原告的诉讼能力有赖于资金支持、专业能力与丰富经验，美国大量的核电站诉讼原告属于具有较强诉讼能力的环保团体、公益组织与地方政府等，虽然未直接影响法院的司法审查密度，但一定程度上为司法审查能力的增强发挥辅助作用，同时也是启动核电站诉讼的重要动力。有关举证责任的分配，可划分为美国的原告承担举证责任模式与日本司法实践发展出来的由行政机关承担主要举证责任的模式，由于被告掌握作出规制决定的依据、知识与资料，因而由作为被告的规制机关承担举证责任更有利于司法审查的进行。此外，审理核电站行政案件的法官面对专业问题具有能力的局限性，以至于学者主张核电诉讼的法官应当属于法律与特定科技领域的复合型人才，或者设立由科学家、工程师与律师组成的"常任主事官"组织来为法院提供咨询。[1]

**（三）司法在我国核电站安全规制中的角色定位**

作为主张司法节制的理由，不管是"科学技术的复杂性"，[2] 还是"行政专业的优势"，都缺乏足够的说服力。无论是学者所主张的"行政

---

[1] 参见肯尼思·F. 沃伦《政治体制中的行政法》（第三版），王丛虎等译，中国人民大学出版社，2005，第654页。

[2] 郑智航：《专家委员会参加政府行政的法律效力及其司法审查》，《政治与法律》2013年第6期。

部门拥有足够的人才、资讯、经验与能力，行政法院（法官）的处理能力则相对受有限制"，① 还是裁量统一论者主张的"对于科技问题，法院不可能拥有行政机关的资源，因而难以把握。对于专业性问题，法院没有行政管理者的日常管理经验，因而不大可能考虑到行政所能考虑的方方面面"，② 都将行政权的功能优势假定为理所当然。

司法作为核电站安全规制"保障者"的角色并不会造成对行政权的僭越，"从合法性控制机关转变为专业监督机关或者政治建构机关"。③ 法院虽然不能代替行政机关作出具体的判断与决定，但可站在第三者的立场，对行政机关的判断过程进行合理性审查，包括行政调查是否恣意，风险评估是否全面考虑了各种对立的专业意见、是否衡量了各种不同的利益。如在日本"伊方核电站诉讼案"中，最高法院并没有对核反应堆设施的安全性进行实体性审查，而是对核反应堆设施是否符合具体的审查标准，原子能委员会和核反应堆安全专门审查会的调查审议及判断的过程是否有难以忽视的错误和疏漏，展开合法性审查。④

司法机关应当成为立法与基本权利的守护者，督促和保障行政机关在预测性决定或专业性决定上，通过谨慎的调查、多元化的组织与参与程序以及充分的利益衡量，作出理性的行政决定。司法适度的、有界限的尊重，不能演化为司法消极主义。一味地以概念属性或事项的专业性特征强调尊重，往往会导致授予行政自主空间的真正目的即基本权利的保护价值被掩盖，这种"舍本逐末"的做法只会扭曲立法授权行政判断

---

① 黄锦堂：《行政判断与司法审查——"最高行政法院"高速公路电子收费系统（ETC）案判决评论》，载汤德宗、李建良主编《2006 行政管制与行政诉讼》，台北"中研院"法律学研究所筹备处，2007，第 331 页。

② 王贵松：《论行政裁量的司法审查强度》，《法商研究》2012 年第 4 期。

③ 迪特儿·格林：《宪法视野下的预防问题》，载刘刚编译《风险规制：德国的理论与实践》，法律出版社，2012，第 131 页。

④ 参见日本最高裁判所 1992 年 10 月 29 日判决，《最高裁判所民事判例集》第 46 卷第 7 号，第 1174～1175 页，转引自王贵松《安全性行政判断的司法审查——基于日本伊方核电行政诉讼的考察》，《比较法研究》2019 年第 2 期。

的本来意义。在司法审查中，基本权利的价值及保护的重要性应该得到彰显，否则，行政权与司法权的关系将迷失在专业性或预测性的判断中，造成两者关系的错乱，也将使司法机关在风险规制模式下本应承担的功能得不到发挥。行政规制空间的扩大不能忽视立法本身授权的宗旨与目的，亦不能将法定的监督职能与基本权利保护的意蕴予以抹杀。

# | 第七章 |

## 核电站安全规制的赔偿责任

核电站事故引发的责任体系错综复杂，涉及民事责任、国家补偿与行政赔偿等责任类型。基于"谁受益，谁负担"原则、风险控制原则以及核事故损害因果关系判断的复杂性，核损害的民事责任应当定位为无过错的危险责任。为兼顾核能产业的促进与核设施营运单位的积极性保护，设定核损害民事责任的限额得到我国法律确认，但有待进一步的检视。同时，核损害的行政补偿责任应当与民事责任进行衔接与功能互补，从公法上建构行政补偿的构成要件、标准与具体承担方式。

中国目前尚未加入任何有关核责任的国际公约，也缺乏一部专门的核损害民事赔偿法律。《核安全法》第 90 条规定"因核事故造成他人人身伤亡、财产损失或者环境损害的，核设施营运单位应当按照国家核损害责任制度承担赔偿责任，但能够证明损害是因战争、武装冲突、暴乱等情形造成的除外"，仅设定了核设施营运单位的民事赔偿责任，有关国家补偿责任的依据限于 2007 年颁布的《国务院关于核事故损害赔偿责任问题的批复》（国函〔2007〕64 号）。尽管该规范性文件为核损害的国家补偿责任提供了依据，即核事故损害的应赔总额超过规定的民事最高赔偿额（3 亿元人民币），由国家提供最高限额为 8 亿元人民币的财政补偿，但缺乏相应的补偿细则，如补偿范围、补偿基金、强制责任保险与互助机制，亟须通过立法进一步澄清。规制机关违法行使或不行使核电站安全规制的职权，还需依照《中华人民共和国国家赔偿法》（以下简称《国家赔偿法》）承担行政赔偿责任，由于核电规制大多属于在较为纲领性的法律规范之下行使裁量权，是否构成违法、损害范围如何确定、行政赔偿与民事赔偿有何关系等一系列问题，也具有探讨的理论价值与实践意义。

# 第一节 完善核损害的民事责任

我国《核安全法》第90条第1款指出，核设施营运单位承担的民事责任按照国家核损害责任制度确定。同法律位阶的《放射性污染防治法》第12条规定"核设施营运单位、核技术利用单位、铀（钍）矿和伴生放射性矿开发利用单位，负责本单位放射性污染的防治，接受环境保护行政主管部门和其他有关部门的监督管理，并依法对其造成的放射性污染承担责任"，以及第59条规定"因放射性污染造成他人损害的，应当依法承担民事责任"，都只是针对核设施的民事责任概括性地表明立场。《中华人民共和国产品质量法》第73条规定"因核设施、核产品造成损害的赔偿责任，法律、行政法规另有规定的，依照其规定"，则原则上排除了核设施与产品侵权的民事责任的适用。核损害民事责任的确定，最终应当追溯至《民法典》的高度危险责任条款。

## 一 我国核损害民事责任的构成

核损害的民事责任被归入我国《民法典》第七编第八章"高度危险责任"的类型中。该法第1237条规定："民用核设施或者运入运出核设施的核材料发生核事故造成他人损害的，民用核设施的营运单位应当承担侵权责任；但是，能够证明损害是因战争、武装冲突、暴乱等情形或者受害人故意造成的，不承担责任。"除了增加运入运出核设施的核材料发生核事故造成他人损害的情形，《民法典》第1237条基本上延续了《中华人民共和国侵权责任法》（以下简称《侵权责任法》）第70条的规定。以"民用核事故责任条款的内容"为关键词，在中国裁判文书网上进行检索，我们发现该条款的适用在实践中处于"睡眠"状态，从未被激活。司法实践中出现的一些状告核设施营运者的案件，主要是核电站建造过程中的一般民事侵权纠纷。

民用核事故赔偿属于高度危险责任，实行无过错归责原则。核损害的民事赔偿实行无过错归责原则属于域外通行做法。如日本《原子能损害赔偿法》第3条规定，原子能经营者因运营原子炉而产生原子能损害的，当然承担责任。即只要损害与原子炉运营之间存在因果关系，而无须考察核设施营运者的过错，就可以认定责任。

从现有法律的规定来看，民用核事故赔偿责任主要包括三个构成要件。

（1）行为要件。核损害的民事责任以核事故发生为前提，根据《核安全法》第93条的界定，核事故是指"核设施内的核燃料、放射性产物、放射性废物或者运入运出核设施的核材料所发生的放射性、毒害性、爆炸性或者其他危害性事故，或者一系列事故"。2003年颁布的《放射性污染防治法》、2009年颁布的《侵权责任法》（2021年失效）与2015年颁布的《国家安全法》均未对"核事故"概念作出明确界定，《核安全法》的界定则沿用了国务院于1986年颁布的《民用核设施安全监督管理条例》中的"核事故"概念。

无过错归责原则在核损害赔偿责任的适用中存在例外，核设施营运单位能够证明损害是战争、武装冲突、暴乱等情形造成的，无须承担核损害赔偿责任。关于不可抗力是否免责的问题，1986年《国务院关于处理第三方核责任问题给核工业部、国家核安全局、国务院核电领导小组的批复》（国务院〔1986〕44号）规定"特大自然灾害所引起的核事故"属于免责情形，德国、日本等国家的核损害赔偿法与我国台湾地区的相关规定都有类似内容，特别异常的自然灾害导致的核事故也可以免责。① 我国《侵权责任法》为了更好地保护受害人，最终排除了该种免责情形，将受害人故意之外的不承担责任的情形限制在"战争等行为"，而没有一般规定为"不可抗力"（后被《民法典》吸收），这与国际上的通行做法也是一致的。② 这意味着核事故的民事责任不适用《民法典》第180条的"不可抗力"条款。

（2）损害事实要件。核损害侵权的责任不限于赔偿责任，受害人还可依据《民法典》第1167条提起停止侵害的请求或民事诉讼。侵权行为危及他人人身、财产安全的，被侵权人有权请求侵权人承担停止侵害、排除妨碍、消除危险等侵权责任。

我国《核安全法》第90条规定的损害范围包括人身伤亡、财产损害与环境损害，不涉及精神损害。而《民法典》第1183条则涵盖了侵权损害的精神损害赔偿，侵害自然人的人身权益造成严重精神损害的，被侵权人有权请求精神损害赔偿，因故意或者重大过失而侵害自然人具有人身意义的特定物造成严重精神损害的，被侵权人有权请求精神损害赔偿。在日本，核事故造成的精神痛苦被纳入核损害的民事赔偿范围。核事故造成的精神痛苦包括因避难而长时间离开故乡、核事故带来的精神压力、核事故引发疾病带来的痛苦等，确有必要考虑纳入我国的核损

---

① 尽管日本《原子能损害赔偿法》第3条规定，对于严重的天灾或社会动乱造成的核损害事故，原子能经营者可以免责，但是，日本政府在福岛核电站事故发生后将"严重的天灾"解释为人类从未经历过的灾难，因此，确定此次核事故不适用"严重的天灾"免责条款。同时，2012年7月完成的《日本国会福岛核事故独立调查委员会正式报告》也将福岛核电站事故认定为"一场可以和应该预见和避免的人为灾难"。根据上述法律和实施令，东京电力股份有限公司对此事故必须承担严格责任、唯一责任和无限赔偿责任。参见刘久《日本核损害赔偿制度与福岛核损害赔偿实践》，《人民法院报》2019年5月17日，第8版。

② 参见《中华人民共和国侵权责任法释义》（第2版），http://www-pkulaw-cn. vpn. ruc. edu. cn/CLink_form. aspx? Gid = 125300&Tiao = 70&km = siy&subkm = 0&db = siy，最后访问日期：2018年8月22日。

害赔偿范围。《核安全法》与《民法典》属于旧的特别法与新的一般法的关系，根据《立法法》第105条，"法律之间对同一事项的新的一般规定与旧的特别规定不一致，不能确定如何适用时，由全国人民代表大会常务委员会裁决"，因而两者发生冲突下的法律适用尚处于不明确的状态。

就人身损害与财产损害而言，《民法典》第 1179 条①与第 1184 条②确立了相应的赔偿标准。但对农作物与渔业产生的损害、营业损失，特别是核事故造成恐惧而导致销售收入的减少以及产品销售因谣言传播而产生的损害，是否属于损害的范围，现行法律未提供明确的解决方案。环境损害赔偿的范围也有待进一步明晰，受损环境的恢复措施费用、环境收益损失、预防措施费用以及由此类措施引起的进一步损失或其他经济损失是否属于赔偿范围，仍然模糊不清。

（3）因果关系要件。因果关系要件强调，损害与核事故之间必须存在因果关系。《最高人民法院关于开展〈人民法院统一证据规定（司法解释建议稿）〉试点工作的通知》第136条规定："（二）高度危险作业致人损害的侵权诉讼，由加害人就受害人故意造成损害的事实承担举证责任；（三）因环境污染引起的损害赔偿诉讼，由加害人就法律规定的免责事由及其行为与损害结果之间不存在因果关系承担举证责任⋯⋯"依此，核电站运营属于高度危险作业，核设施营运者应当对损害与运营行为之间不存在因果关系承担举证责任。我国未发生过严重的核电站事故，核电站事故产生的辐射与居民的健康损害之间的因果关系判断存在相当大的不确定性，特别是放射性产生的可能损害具有持续性（如癌症），是

---

① 《民法典》第 1179 条规定："侵害他人造成人身损害的，应当赔偿医疗费、护理费、交通费、营养费、住院伙食补助费等为治疗和康复支出的合理费用，以及因误工减少的收入。造成残疾的，还应当赔偿辅助器具费和残疾赔偿金；造成死亡的，还应当赔偿丧葬费和死亡赔偿金。"

② 《民法典》第 1184 条规定："侵害他人财产的，财产损失按照损失发生时的市场价格或者其他合理方式计算。"

否与核事故具有因果关系很难判断，若将不存在因果关系的举证责任课予核设施营运单位，会导致其承担过重的赔偿责任。

核电站周边的居民因为核事故受到多大剂量的放射性辐射，在核事故发生一定年限后患癌症是基于核事故的原因还是有其他缘由，证明十分困难。在日本，除举证责任的分配外，因果关系的推定在核电站从业人员的职业病认定中发挥着重要作用。日本厚生劳动省公布了在核电站从事事故处理的职员、分包承揽的从业人员的白血病等发病标准：持续性地受到一定剂量的放射线（5mSv/y 以上）的辐射，累计的放射线剂量达到 100mSv，受辐射后经过 5 年发病。此外，日本能见善久教授还主张核损害赔偿责任与损害可能性挂钩，而非在赔偿和完全拒绝赔偿中进行非此即彼的选择。① 其主张，若损害有 40% 的可能性由核事故引起，则核设施营运者承担相当于损害 40% 的赔偿责任。

## 二　我国核损害民事责任的范围

我国核损害的民事责任范围界定，受到集中责任原则、有限责任原则与财务保证原则的约束。这意味着受害人的救济与获得赔偿的权利，在民事责任的范畴内受到一定的限制。

### 1. 集中责任原则

核设施营运者应当对核事故造成的人身伤亡、财产损失或者环境损害承担赔偿责任，而营运者以外的其他人不承担赔偿责任。营运者与他人签订的书面合同对追索权有约定的，营运者向受害人赔偿后，按照合同的约定对他人行使追索权。这一点为《核安全法》第 90 条第 2 款确认，为核设施营运单位提供设备、工程以及服务的单位则不直接承担核损害赔偿责任。核设施营运单位与其有约定的，在承担赔偿责任后，可

---

① 参见能见善久《核事故的赔偿问题》，姜雪莲译，《科技与法律》2014 年第 2 期。

以按照约定追偿。核事故损害是由自然人的故意作为或者不作为造成的，营运者向受害人赔偿后，对该自然人行使追索权。营运者应当作出适当的财务保证安排，以确保发生核事故损害时能够及时、有效地履行核事故损害赔偿责任。在核电站运行之前或者乏燃料贮存、运输、后处理之前，营运者必须购买足以履行其责任限额的保险。

责任集中原则被称为 Legal Channeling，主要起因是美国在向外国出口原子炉时，为了不使美国的原子炉厂家因原子炉的瑕疵被追究产品责任，要求进口国排除原子炉厂家的责任。另一个原因是避免核损害责任的重复投保。一旦发生原子能事故将产生巨大的赔偿损失，为了能够确保赔偿，需要加入责任保险等措施。因赔偿数额巨大，保险费较高，如果原子炉厂家也承担原子能损害赔偿责任需要加入保险，就会出现重复投保。因保险费较高，可以认为避免重复投保也是责任集中原则的一个依据。① 此外，责任集中原则也便于确定核事故损害的责任主体，还能使核设施营运者明确其责任并履行事先的防范与审慎注意义务。②

**2. 有限责任原则**

责任限额原则往往与经营者责任集中原则相伴相随。我国政府于 1986 年和 2007 年通过规范性文件，为核损害民事责任的限额赔偿提供了依据。根据 1986 年《国务院关于处理第三方核责任问题给核工业部、国家核安全局、国务院核电领导小组的批复》，对于一次核事故所造成的核损害，营运人对受害人的最高赔偿限额为 1800 万元人民币。2007 年《国务院关于核事故损害赔偿责任问题的批复》调整了核事故损害赔偿数额，核电站的营运人和乏燃料贮存、运输、后处理的营运人对一次核事故所造成的核事故损害的最高赔偿限额为 3 亿元人民币。《侵权责任法》（2021 年失效）第 77 条规定："承担高度危险责任，法律规定赔偿

---

① 参见能见善久《核事故的赔偿问题》，姜雪莲译，《科技与法律》2014 年第 2 期。
② 参见柯泽东《核能安全与原子能损害赔偿》，《经社法制论丛》总第 3 期（1989 年）。

限额的，依照其规定。"有关民事责任限额规定的立法理由指出："从行业的发展和权利义务平衡的角度看，法律必须考虑在这种严格责任的前提下，有相应责任限额的规定，这也是许多国家在高度危险责任立法上的一致态度。"①《民法典》第 1244 条"承担高度危险责任，法律规定赔偿限额的，依照其规定，但是行为人有故意或者重大过失的除外"，对限额责任规定了例外情形，更有利于核事故受害人的权益保护。我国航空运输事故赔偿②、铁路交通事故赔偿③、海上运输事故赔偿④均规定了赔偿责任限额。我国台湾地区"核子损害赔偿法"第 24 条则将核子设施经营者对于每一核子事故承担赔偿责任的最高限额，确定为新台币 42 亿元。

核损害的民事赔偿责任限额并非域外的普遍规定，德国、日本与瑞士等国家即施行核损害民事责任的无限责任制。是否限制赔偿责任，与责任的类型属过错责任抑或危险责任无关，其背后的基础在于风险社会下多元利益的衡量与负担的合理分配。核设施营运者承担无限责任，不仅巨额的损害赔偿会影响经营的稳定性，其还可能因严重核事故的发生而破产，甚至通过破产来逃避其应当承担的赔偿责任。即便是无限责任制，由于核设施营运者实际赔偿能力的相对有限，本质上也与责任限额制无异，因而无限责任并不能从根本上解决核事故受害人的赔偿问题。

核损害民事责任的限额原则不仅是对核电企业利益的兼顾，亦是对

---

① 全国人大常委会法制工作委员会民法室编《〈中华人民共和国侵权责任法〉条文说明、立法理由及相关规定》，北京大学出版社，2010，第 311 页。
② 《国内航空运输承运人赔偿责任限额规定》第 3 条规定："国内航空运输承运人……应当在下列规定的赔偿责任限额内按照实际损害承担赔偿责任，但是《民用航空法》另有规定的除外：（一）对每名旅客的赔偿责任限额为人民币 40 万元……"
③ 《铁路交通事故应急救援和调查处理条例》第 33 条规定："事故造成铁路旅客人身伤亡和自带行李损失的，铁路运输企业对每名铁路旅客人身伤亡的赔偿责任限额为人民币 15 万元，对每名铁路旅客自带行李损失的赔偿责任限额为人民币 2000 元。"
④ 《港口间海上旅客运输赔偿责任限额规定》第 4 条规定："海上旅客运输的旅客人身伤亡赔偿责任限制，按照 4 万元人民币乘以船舶证书规定的载客定额计算赔偿限额，但是最高不超过 2100 万元人民币。"

核电产业本身的制度保障。核能风险难以预测，就连作为专业经济组织的核设施营运者，也无法充分预见并克服核科学技术带来的全部风险，责任限额原则使风险的计算具有安定性，有利于分散风险。核损害赔偿的危险责任极易对核设施经营者形成"寒蝉效应"，责任限额原则使核能产业不致受到不可预期的责任压力，为核电产业的发展消除经济障碍。责任限额的设定应当考虑核事故损害发生的严重程度、国家在促进核电产业的目标与个人基本权利保护之间的平衡以及核电风险预防功能的实现等因素。因而，立法者享有较为广阔的制度形成空间，以便履行宪法所确定的基本权利保护义务。

**3. 财务保证原则**

《核安全法》第 90 条第 3 款规定："核设施营运单位应当通过投保责任保险、参加互助机制等方式，作出适当的财务保证安排，确保能够及时、有效履行核损害赔偿责任。"在实践中，核损害赔偿责任的财务保证并未作为核设施建造许可或者运行许可的前提条件。如在福建福清核电厂 5 号机组运行许可的授予中，作为许可机关的国家核安全局并未在许可前审查财务保证是否落实，而是在许可证的内容中对被许可人提出了要求，即"切实履行《国务院关于核事故损害赔偿责任问题的批复》（国函〔2007〕64 号）要求，做出适当的财务保证安排，以确保发生核事故损害时能够及时、有效地履行核事故损害赔偿责任"。①

由于单一的保险公司往往无力承担巨额的核电站事故赔偿，常见的做法是多家保险公司联合起来共同为核设施提供保险保障服务。核保险联合体就是集中国内的核风险承保能力，各保险人共同承担风险、分摊损失，为核风险提供最大限度的保险，保障核电事业顺利发展的一个组织。"中国核保险共同体"（以下简称"中国核共体"）于 1999 年经保监

---

① 《关于颁发福建福清核电厂 5 号机组运行许可证的通知》，生态环境部网站，http://www.mee.gov.cn/xxgk2018/xxgk/xxgk09/202009/t20200907_797105.html，最后访问日期：2021 年 1 月 23 日。

会批准，① 从成立时的 5 家成员发展到现在的 29 家，2018 年中国核共体提供了 3500 亿元人民币的境内风险保障。② 在我国大陆，投保责任保险并非获得核电站许可必须具备的要件。与此相应，我国台湾地区"核子损害赔偿法"第 25 条规定，核子设施经营者应维持足够履行原子能损害赔偿责任限额之责任保险或财务保证，并经"原子能委员会"核定，始得运转核子设施或运送核子物料。财务保证原则的贯彻，毋庸置疑会影响核损害民事赔偿责任的履行。

## 三 我国核损害民事责任的完善

我国核损害的民事责任应当在构成要件、担保机制与责任限额三个方面进行完善。

其一，核损害民事责任构成要件的完善。核损害民事责任的损害事实要件应当拓展赔偿范围，因果关系要件应当予以宽松化。

现有制度将损害赔偿局限于人身伤亡、财产损害与环境损害，应当拓展纳入精神损害。《民法典》的规定在损害赔偿标准上限定为实际损害，宜结合核能损害的特点将可证明的预期损害、谣言传播损害等损失纳入赔偿的范围。以 1999 年日本东海村核事故的赔偿为例，核事故发生后日本政府发布法令成立了核损害赔偿争端调解委员会和核损害调查研究组，其中后者的职能之一是界定哪些损害属于日本《原子能损害赔偿法》的损害范围并应予以赔偿。核损害调查研究组在考察了日本的司法先例、其他国家的案例和现场调查情况之后，确定了 8 种损害及其判定

---

① 成员公司包括中国再保险公司、中国人民保险公司、中国平安保险公司、中国太平洋保险公司、华泰财产保险股份有限公司、天安保险股份有限公司、大众保险股份有限公司、华安财产保险股份有限公司等。

② 参见袁临江《强化保险共同体建设 提升服务实体经济水平——写在中国核共体成立 20 周年之际》，《中国金融家》2019 年第 4 期。

标准，包括人身伤害、个人医疗检查费、疏散费用、财产检查费用、受污染的财产、收入损失、营业损失与精神伤害。该次核事故的赔偿范围不仅包括实际受污染所致的营业损失，还包括谣言传播所致的营业损失，如顾客担心附近某些农产品或海产品受到辐射而不敢购买导致的营业损失，尽管事实上上述产品经科学检测并未受到核污染。①

我国针对核损害民事赔偿实行无过错归责原则，损害与核事故之间因果关系的判断便成为赔偿责任是否成立的关键要件。目前对核损害民事赔偿中的因果关系确认存在规范空白，应当制定因果关系推定指南，明确列举因果关系推定的具体情形。此外，对于借助专业知识与证据既无法否定也不能完全肯定因果关系的情形，应建立核损害的民事赔偿与因果关系的盖然率挂钩的机制。

其二，核损害民事责任担保机制的完善。传统的保险公司不针对核事故造成的损害提供保险，核损害民事责任的担保必须另觅他途。根据福岛核电站事故的损失赔偿方案，东京电力股份有限公司（以下简称"东京电力"）承担无限赔偿责任，赔偿数额预计达到万亿日元。因而东京电力不得不变卖海外资产筹集巨额资金，具体包括三个方面的来源：一是其自有资金；二是按照责任保险合同，东京电力依法获得的事故保险金；三是通过政府补偿合同获得的政府提供的补偿金。责任保险合同是核设施经营者与保险公司联合体的保险池缔结的合同（主要是因为保险公司一家承保承担的风险过大）。政府补偿合同是核设施经营者与政府缔结的合同，由政府提供一定补偿，因为民间的保险以地震、海啸引发的事故为免责事由，该类损失无法由保险人责任予以弥补。②

可见，仅凭核电营运者本身的财力与责任保险，恐无法承担可能的核事故损害赔偿，因而需要在民事责任之外，通过多元的责任担保制度

---

① 尹生：《日本福岛核事故损害赔偿责任：中国的应对与启示》，《法学评论》2013年第2期。
② 参见能见善久《核事故的赔偿问题》，姜雪莲译，《科技与法律》2014年第2期。

来应对这种大型事故的救济。

其三，核损害民事责任限额的确定。是采用无限责任制还是民事责任限额制，核心的问题在于平衡核电产业发展与国家财政支持和受害人权利的保护之间的相互关系。

（1）核电产业发展与国家财政支持。核损害民事责任的限额应当与国家财政支持挂钩。在美国《安德森法》（Price – anderson Act）实施初期，核设施营运单位被要求购买 0.6 亿美元的保险，政府则针对核事故提供 5 亿美元的赔偿，以支持核电工业的发展。1975 年该法通过修改减少了政府的支持，增加了核电设施营运者的负担，因为"在核能发展的初期，核电产业不能承受核电生产的经济负担，但是经过几年的发展，核电行业应该承担起这个责任"。① 日本虽然采用核损害的无限民事责任，但通过《原子能损害赔偿法》明确了国家的援助义务，通过《原子能损害赔偿、废炉等支援机构法》形成了全体核设施营运者共同负担的援助费用互助机制，进而弥补了无限责任制下单一核设施营运者赔偿能力的局限性。亦即，无限责任制也好，责任限额制也好，都应当落实好国家的财政支持以及配套的援助机制。

（2）核电产业发展与受害人权利的保护。实施责任限额的弊端，是可能负面激励核设施营运企业减少核安全保障方面的投资，且核设施营运企业可能因严重核事故破产，影响受害人获得救济。限额意味着通过立法减轻核设施营运企业的法律责任，从而限缩受害人获得民事赔偿的权利，因而应当谨慎为之。

换言之，是否设定核设施营运者民事赔偿责任的限额，属于立法机关根据相关因素进行自主决定的空间。无论采取何种模式，核损害民事责任都应当与政府对核损害的补偿责任进行有效衔接，进而在贯彻风险

---

① Michael G. Faure、Tom Vanden Borre：《核损害赔偿美国机制与国际机制的比较经济分析》，谢丹、刘筱睿译，《私法》2019 年第 1 期。

预防与利益平衡的基础上，构建有效且完善的赔偿责任体系。

# 第二节　完善核损害的国家补偿责任

## 一　核损害国家补偿责任的性质争议

核损害国家补偿责任的性质，在学说与立法上存在政府担保责任、政府救助责任和公法上的危险责任等不同解读与选择。

**1. 政府担保责任**

政府担保责任旨在将政府的补偿责任视为核设施营运者履行民事赔偿责任的担保，政府在承担补偿责任后甚至有权向核设施营运者进行追偿。当核设施营运者因核电站责任保险或财务保证不足而难以履行核损害赔偿责任时，政府应当补足相应的差额。政府的补足限定于法律设定的赔偿责任限额。如美国《安德森法》的最初版本要求核设施营运单位与政府共同承担核损害赔偿责任，且政府承担较多的赔偿责任。由于公共资金提供了大部分的赔偿，美国的核能工业得到了蓬勃发展。[①] 换言之，政府的补偿旨在担保核损害的民事责任履行，所发挥的是损害责任的担保功能。

**2. 政府救助责任**

也有国家立法将核损害的国家补偿责任作为政府救助责任予以对待。政府承担补偿责任的基础在于为核设施营运者提供救助，而非直接对核事故受害者承担责任。如日本《原子能损害赔偿法》第 16 条第 1 款规定："发生原子能损害的，原子能经营者根据第 3 条的规定应该赔偿的损

---

① Michael G. Faure、Tom Vanden Borre：《核损害赔偿美国机制与国际机制的比较经济分析》，谢丹、刘筱睿译，《私法》2019 年第 1 期。

失超过赔偿措施额度，并且，认为为了达成该法律的目的是有必要的，为了原子能经营者赔偿损害，对原子能经营者进行必要的援助。"第 2 款规定："前款的援助，依据国会的决议在属于政府的范围内实施。"可见，政府救助责任建立在核设施营运者承担无限责任的基础上，具有补充性与裁量性。

首先，政府救助责任与核设施营运者的无限责任相结合。在此种模式下，立法没有设置核设施营运者的民事赔偿责任限额。即便是无限责任，日本《原子能损害赔偿法》亦要求核设施营运者提供保险担保，并事先与政府签订补偿合同，核设施营运者在面对严重核事故时仍然会面对赔偿能力不足的问题。日本于 2011 年通过了《原子能损害紧急措施法》，旨在发挥国家采取有关减轻损害措施的作用，通过规定国家及时适当支付临时款项的必要事项，解决东京电力针对福岛核电站事故赔偿不及时的问题。为解决东京电力无法支付大额赔偿金的问题，日本于同年新设原子能损害赔偿支援机构并通过《原子能损害赔偿、废炉等支援机构法》，由政府通过发行特殊国债的方法暂为东京电力筹款赔偿。该法第 1 条规定"如果原子能经营者不足以承担《原子能损害赔偿法》第 7 条第 1 款规定的核损害赔偿金额，原子能损害赔偿支援机构向该原子能经营者交付为赔偿所需的必要资金以及实施其他业务"，为核电站事故损害的政府补偿提供了法律依据。然而，该措施并未承认国家针对受害者的直接损害补偿义务。

其次，政府救助责任具有补充性。政府援助的对象是核设施营运企业，虽然国家只是"垫付"，核设施营运企业必须通过向国库返还等方式偿还由国家垫付的资金，但这也取决于核设施营运者的年度财务状况，可能实际上等同于由国家承担赔偿责任。

最后，政府援助与否、援助的方式以及范围，均由政府裁量决定。日本的政府救助责任的主要依据是日本《原子能损害赔偿法》"保护受害人、促进核电事业的健康发展"的立法目的以及"国家因推动核电政策而应该承担的社会责任"的规定。① 政府对核设施营运企业的救助实施，还需受到民意机关的监督。

### 3. 公法上的危险责任

德国著名的行政法学家福斯多夫率先提出了公法上的危险责任的概念，并将其界定为"国家非基于直接对个人权益造成侵害，但由其所形成的特别危险状态（besondere Gefahrenlage）对个人造成损害，应承担的补偿责任"。② 由于缺乏侵害的直接性，损害的发生既非法律赋予行政权追求的效果，亦非行政活动所直接造成的结果，因而缺乏侵害行为（Eingriff）的特征。危险责任体现为结果责任，个人损害并非由违法行政活动造成的，而是由公权力措施间接形成的。"危险赔偿责任是指不以违法性和过错为要件，因行政机关的措施和行为方式本身的技术特点产生的损害赔偿责任。"③

我国政府对核事故损害的财政补偿责任在性质上不明确，很难清楚地归入上述责任类型。《国务院关于核事故损害赔偿责任问题的批复》规定，核事故损害的应赔总额超过规定的最高赔偿额的，国家提供最高限额为 8 亿元人民币的财政补偿。对非常核事故造成的核事故损害赔偿，需要国家增加财政补偿金额的，由国务院评估后决定。该规定不仅内容模糊，也绕过了对政府补偿责任性质的界定。国家提供的财政补偿是针对核设施营运者还是直接对受害人承担补偿责任，指向不明。如果是针对核设施营运者进行财政补偿，是否嗣后进行追偿，不无疑问。为何设定国家补偿的最高限额以及将最高限额规定为 8 亿元，缺乏说明理由。

---

① 参见郭娜娜《核设施营运者的损害赔偿责任与费用负担——以福岛核电站事故之相关讨论为中心》，载牟宪魁主编《日本法研究》（第 5 卷），四川大学出版社，2019。
② Ernst Forsthoff, *Verwaltungsrecht*, 10. Aufl., 1973, S. 317.
③ 汉斯·J. 沃尔夫、奥拓·巴霍夫、罗尔夫·施托贝尔：《行政法》（第一卷），高家伟译，商务印书馆，2007，第 383 页。

## 二 核损害国家补偿责任的性质界定

核设施许可着眼于能源与产业发展，意在积极地增加社会福祉，一旦发生事故，公民的生命、健康、财产等权利往往遭受重大损害，应当视为对公共利益作出特别牺牲。科学技术日新月异，即使人类采用较高的安全标准，亦无法完全排除损害风险的发生。风险社会背景下科学技术利用本身带来的损害并非公权力措施所直接追求的，公权力对科学技术的利用许可也不能视为一种"主权性侵害措施"。"许可通常不代表国家对于设施经营后果的担保，至少不会对授予许可时无法预见的经营后果负责。"[1] 但核电技术利用（如核设施运营）的许可与民事赔偿限额的设定相结合，则构成了公权力的强制与干预，导致政府责任性质发生变化，进而适用公法上的危险责任。公权力的运行在于维护与促进公共利益，公权力的合法运行、支配或强制行为造成个别主体的权益受到损害时，该项损害应由全体公众公平负担。

我国《宪法》第33条规定，"中华人民共和国公民在法律面前一律平等"，意味着所有公民的权利受到平等保护，在基于公共利益的目的而造成特定损害的情形下，受害者相比于一般的公众而言会遭受不平等负担，这应当通过国家补偿保障平等原则的实现。"只要作为行政活动的结果所产生的损害为一般社会观念所不允许，那么，国家或公共团体就必须承担补偿责任。"[2]核损害构成公法补偿意义上的"特别牺牲"须具备两个因素，一是损害的个别性，二是损害的严重性。核设施运营辐射的增强对周边居民财产与人身产生的轻微影响，则难以构成特别牺牲。

特别牺牲补偿在我国宪法上具有以下基础。（1）平等原则的要求。

---

[1] Hans-Heinrich Trute, "Staatliches Risikomangment im Anlagenrecht," in Eibe H. Riedel, *risikomanagement im öffentlichen Recht*, Nomos Verlagsgesellschaft, 1996, S. 91.

[2] 南博方：《行政法》（第6版），杨建顺译，中国人民大学出版社，2009，第151页。

《宪法》第 33 条确立了公民在法律面前一律平等的原则。如果出于公共利益的需要导致个别主体不平等的、严重的损害，国家应当给予补偿，始能符合平等与公平原则。（2）基本权利保护的要求。合法的公权力措施导致个人基本权利的本质遭受侵害，应当通过财产补偿的方式予以弥补。（3）征收征用条款的类推。宪法上的征收征用条款确立了对财产权的合法剥夺或限制，且征收征用与国家补偿责任唇齿相依。以此类推，相较于财产权的损害，生命权、健康权的损害更应该纳入国家补偿的范围。可见，特别牺牲补偿蕴含于宪法上的平等原则、基本权利保护与征收征用制度之中，这构成了公法上的危险责任的主要依据之一。① 当然援引宪法文本只是为了证成其蕴含的特别牺牲与公平负担理念，并不意味着承认公权力措施对生命权、健康权的直接侵害。

## 三 核损害国家补偿责任的制度完善

我国政府对核损害的补偿责任应当界定为公法上的危险责任。政府补偿责任的制度完善，要发挥政府补偿责任的补充性功能，且不应当设定政府补偿责任的限额。

首先，相较于民事责任，公法上的危险责任在受害人的权利救济上具有补充作用。在制度设计上，若其他的民事责任能弥补私人损失，自无公法上的危险责任存在的必要。同时，民事责任能在多大程度上弥补损害，关系到公法上危险责任范围的确定。行政机关对公权力措施形成的危险状态造成的损害，基于公平负担的原则以及正义分配的理念，有必要承担公法上的责任，从而弥补当事人遭受的损失。②

核损害民事责任的限额须考虑到核能产业投入的积极性以及核电

---

① 参见伏创宇《强制预防接种补偿责任的性质与构成》，《中国法学》2017 年第 4 期。
② 伏创宇：《核能规制与行政法体系的变革》，北京大学出版社，2017，第 213 页。

产业的持续发展，属于立法裁量的范围。日本福岛核电站事故引发的损害赔偿问题对我国核损害赔偿立法的结构性完善具有启示意义。其主要体现为：（1）潜在的受害人数最多，政府疏散人员达34万，自主避难人员150多万；（2）收到的索赔受理请求书数量最多，截至2018年11月，共收到287.8万份受理请求书，其中赔偿总件数达268.3万；（3）事故赔偿金额最大，截至2018年11月，已赔偿约780亿美元。① 如果采取核损害民事责任的限额制度，则政府的补偿责任属于公法上的危险责任，应当承担完全补偿。反之，如果课以核设施营运者的民事赔偿责任未设置限额，政府的补偿责任则具有救助性质。

其次，公法上的危险责任属于国家对受害人承担的补偿责任，基于特别牺牲理论以及基本权利的保障，不应设定最高限额。德国、美国等域外国家的相关制度亦可对此提供印证。在我国，核电企业属于国有，核电产业的发展实质上承担着"优化能源结构"与"为实现中华民族伟大复兴的中国梦提供安全可靠的能源保障"的公共职能。② 政府的行政许可行为并不会导致国家应对被许可人的私人行为承担国家责任，但若核电许可的行政相对人与国家之间存在着特定的归属关系，且服务于公共利益的保障，私人因核事故而遭受的损害便构成了公权力措施的附随效果，公权力措施导致的危险状态要件乃得以成立。因此，政府补偿既不构成对核损害民事责任的担保，也不属于政府针对核灾难提供的救助责任，而属于因核电利用许可与民事责任限额相结合而引发的公法上的危险责任。当然，公法上的危险责任承担的范围仍须以个人损害与核事故发生之间具有因果关系为前提，从而避免责任的模糊不清。

---

① 刘久：《日本核损害赔偿制度与福岛核损害赔偿实践》，《人民法院报》2019年5月17日，第8版。

② 参见《国务院办公厅关于印发能源发展战略行动计划（2014—2020年）的通知》（国办发〔2014〕31号）。

# 第三节　构建新型保险与救济责任体系

除传统的民事责任与政府补偿责任之外，核能利用领域针对核损害的赔偿出现了新的应对机制，最为典型的是美国核设施营运者的集体责任与日本政府主导的救援责任。

## 一　美国核设施营运者的集体责任

美国核损害赔偿制度经历了从核设施营运者与政府共同负担，到核设施营运者个别负担与集体负担相结合的演进过程。1957 年制定的《安德森法》由双层赔偿机制构成，小部分的民事赔偿（不超过 6000 万美元）由核设施营运单位承担，而绝大多数的补偿责任（不超过 5 亿美元）由政府资金支付。1975 年，该法修改后豁免了政府的补偿责任，改成了核设施营运者的个体责任与集体责任相结合的责任体系。其中集体责任通过追溯性保费（retrospective premiums）与核能互相保险制度承担，该种责任与传统的民事侵权责任不可同日而语。这种改变体现了核损害赔偿从以公共资金为主的体系向私人资金主导的体系转变。

针对核电站的第三人责任，追溯性保费的概念意在借助美国全体核设施营运者的集体出资，使政府的财政补偿转移到核电产业的集体责任。除提供基本保险外，核电站的被许可人还应当向核能规制委员会提供保证，其会向美国核保险公司（American Nuclear Insurer）支付追溯性保费。追溯性保费并非真正的保险类型，无须事先支付，发生事故前既无须支付也不需要缴纳准备金，只须每一核设施营运者与美国核保险公司签订保证支付追溯性保费的合同，并提供担保债券、信用证等美国核能规制委员会认可的担保。2005 年颁布的《能源政策法》对《安德森法》

进行修改，加大了核设施营运者的个人责任与集体责任。核事故发生后，每座反应堆须支付的追溯性保费金额定为 9580 万美元，外加 5% 的法律费用，分年支付，每年每座反应堆的最高追溯保费为 1500 万美元。追溯性保费作为第二层级的保险，相对于核设施营运者承担的第一层级的 3 亿美元的责任保险具有补充性。只有在核事故发生且损害超出核设施营运者所需承保的 3 亿美元责任限额时，才由所有核电站营运者通过向美国核保险公司缴纳追溯性保费的方式集体出资。

追溯性保费的计算与每个核电站营运者被许可运营的核反应堆规模和数量相关。美国核能规制委员会被依法赋予决定追溯性保费金额的权力，2005 年美国《安德森法》的修订，使全体核设施营运者的集体损害赔偿责任限额，由 1982 年的 4 亿美元增加到 107 亿 6000 万美元，大大提高了核损害赔偿支付的能力。如果个别设施营运者无法依照合同支付所应负担比例的追溯性保费，美国核能规制委员会则代表核设施营运者先行支付，事后再向核设施营运者追偿。美国核能规制委员会对核设施营运者支付追溯性保费的经济能力进行审查，美国核保险公司也会要求作为核设施营运者的有限责任公司为追溯性保费的支付提供保证担保。这种财务保证方式将核事故风险成本的相当大一部分，转移给所有核电站营运者集体承担，属于一种事后分担损害的机制。其在美国实践中尚存在如何确保追溯性保费得到支付、如何在核电站营运者之间分配追溯性保费从而使风险负担更合理等问题。①

除追溯性保费外，美国的核能互相保险制度亦是集体责任承担的一种类型。与追溯性保费针对第三人责任险不同，后者针对的是核设施的财产保险。其肇始于 1973 年的"核能互助有限联盟"（Nuclear Mutual Limited），当时有 14 座核电站的共同经营者建立了相互保险。三里岛核

---

① 参见 Michael G. Faure、Tom Vanden Borre《核损害赔偿美国机制与国际机制的比较经济分析》，谢丹、刘筱睿译，《私法》2019 年第 1 期。

电站事故后，第二个相互保险联盟即"核电保险有限联盟"（Nuclear E-lectric Insurance Limited）成立。财产保险主要在于清除核电站事故现场的污染，进而减少核事故对第三人的人身伤害、财产损害以及环境损害。

## 二 日本政府主导的救援责任

日本《原子能损害赔偿法》规定了核设施营运者对核事故损害的无限责任，同时还有日本政府依据原子能损害赔偿契约应当承担的政府补偿责任。福岛核电站事故后，这一责任体系遭到巨大的挑战，因为福岛核电站事故带来的损害远远超出了核设施营运者提供的原子能损害赔偿责任保险与政府的补偿责任范围。这使日本对之前法定的赔偿责任体系进行检视，并围绕原子能损害赔偿支援、原子能损害赔偿的争议审查、原子能损害赔偿纷争的解决三个方面对赔偿责任进行了优化与完善。[①]

首先，构建了核损害赔偿的支援组织与制度。日本于 2011 年成立了原子能损害赔偿支援机构，并颁布了《原子能损害赔偿、废炉等支援机构法》。该机构的成立意图解决核设施营运者东京电力无法及时应对巨额损害赔偿的难题，以核设施营运者的互助理念为基本指引，通过发行国债、银行贷款、收取核设施营运者负担金等方式筹措资金，对核设施营运者的资金援助进行议决，并协助核设施营运者妥善处理赔偿事宜。该机构为第三者委员会性质的组织，注册资本为 140 亿日元，其中政府资金为 70 亿日元，其余部分由 12 个核设施营运者共同出资。在经费来源部分，日本所有核设施营运者都应当缴纳负担金，受该机构援助的核设施营运者还需缴纳特别负担金，此外该机构经政府特许可以发行政府公债及获得银行贷款。

---

① 该部分介绍参见程明修、林昱梅、张惠东、高仁川《检讨核安管制基本法制与建立原子能损害赔偿制度之研究》，台湾地区"原子能委员会"委托研究计划研究报告，2013。

其次，强化了核损害赔偿的争议审查机制。日本福岛核电站事故发生后，核损害赔偿的类型、范围、受害者人数以及涉及的区域等，都远超立法预想的规模与程度，依据《原子能损害赔偿法》第18条于文部科学省内部设置的原子能损害赔偿纷争审查会，在该次事故的损害赔偿处理中发挥了骨干作用。该组织的职责主要在于居中处理核损害赔偿的和解、制定当事人自行解决纠纷的指导方针以及判定核损害赔偿的范围，其在福岛核电站事故后针对损害赔偿的种类与额度发布了大量体系化的规范性文件。

最后，原子能损害赔偿纷争解决中心对核损害赔偿纠纷的快速与公正解决发挥了重要作用。根据日本《原子能损害赔偿法》，原子能损害赔偿纷争解决中心于2001年9月设立，同时在东京与福岛开设事务所。其成员包括文部科学省官员，法务省官员、法官、律师与教授等熟悉法律的专门人士，下设委员会、仲裁委员、事务局以及113名调查官。除受害人可先向核设施营运者请求损害赔偿外，原子能损害赔偿纷争解决中心妥当并迅捷地处理了大量核损害赔偿争议，有效地纾解了法院对赔偿诉讼进行处理的负担，同时通过案例构建了核损害赔偿处理的一般准则，有利于核电站损害赔偿纠纷的规范解决。

## 三 我国核损害救济责任体系的反思

首先，我国现行核损害救济的责任体系为"有限的民事责任＋有限的政府补偿责任"，无过错的民事侵权在立法上实行限额必然要伴随政府补偿责任。但政府补偿责任的设置，一则将补偿责任转嫁至全体纳税人，二则也不符合受益者负担的基本原理，不利于激励核设施营运者将风险成本内部化，从而最大限度地预防核电站事故造成损害。此种情形下的政府补偿责任变相地承担了对核电产业给予潜在补贴的功能。因而，政府的补偿责任应当以核设施营运者承担全面的民事侵权责任为前提，仅承担核损害的救助责任而非目前有限的公法上的危险责任。"为了给预防行为提供最佳激励，核运营人显然应承担其活动产生的全部成本。"① 至于担忧严格责任可能导致核电站营运企业无法承担巨额赔偿而破产，可通过核损害救济责任体系的优化予以克服。

我国核损害赔偿责任应当逐步进行市场化改革，取消核损害民事责任的限额制度，最终由核设施营运者来承担全部的损害赔偿责任。相应地，我国核损害的责任体系应当从"有限的民事责任＋有限的政府补偿责任"向"无限的民事责任＋政府的财政援助"转变。在核设施营运者的民事责任保障上，应当构建核保险共同体为核设施营运者提供保险与国内全体核设施营运者共同承担赔偿责任的集体责任制度。核损害赔偿的集体责任制度可以借鉴美国的追溯性保费制度，由国内所有核电站营运者通过事后的追溯性保费支付赔偿，来弥补单一营运者赔偿能力的不足。追溯性保费的支付应当由核电站营运者提供相应的担保，根据反应堆的规模和数量来计算具体额度。核损害赔偿的集体责任制度构建应当以强制加入为基本前提，一则有利于贯彻核设施营运者的无限责任，二则因为自愿基础上的风险共担模式很难建立。

其次，在核损害事故的赔偿上，我国政府应当建立专门的调查组织。调查组织能发挥迅速厘清核事故发生原因与损害、减轻受害人救济负担、有利于法院进一步展开司法审查的重要作用。如我国台湾地区"核子损害赔偿法"第32条规定，"原子能委员会"于核子事故发生后，得设置核子事故调查评议委员会。设立专门的核事故调查委员会，有利于应对可能的大规模核事故。其一，核事故发生后及时调查原因，有助于应急与救助的展开。其二，受害人寻求民事救济与行政救济，由于专业知识不足会增加其救济负担，且诉讼耗时费力。其三，核事故的调查能为司

① Michael G. Faure、Tom Vanden Borre：《核损害赔偿美国机制与国际机制的比较经济分析》，谢丹、刘筱睿译，《私法》2019年第1期。

法审查及救济提供支持。该调查委员会的职权应当包括核事故的认定及原因调查、核损害的调查与评估、核事故赔偿与善后的建议、改善核设施安全防护的建议等。调查、评估与建议应当通过报告的形式向社会公开。

此外，应当通过立法确保核事故调查委员会的独立性，进而促进调查与评估报告的科学与公正。在人员组成上，核事故调查委员会可由核电站规制机关人员、相关行政机关人员、核事故所在地的人民政府的人员以及专家学者组成。在工作方式上，可设立专门的调查组，享有调阅有关文件、资料并进入特定场所调查的权力。在议事方式上，核事故调查委员会实行合议制，应当有委员会过半数以上委员出席，并经全体委员过半数同意作出决议。

## 第四节 完善核损害的国家赔偿责任

广义上的核损害赔偿责任不仅包括民事赔偿、政府补偿以及与之相关的核设施营运者集体责任，还应当涵盖国家赔偿责任。我国国家赔偿责任以《国家赔偿法》为依据，施行违法归责原则。有关违法归责的内涵，司法实践并未局限于狭义的违反法律规范，还将行政权行使违反法律目的与法律原则的情形纳入违法的范围。我国尚未有与核电站相关的行政诉讼，但域外特别是日本福岛核电站事故发生后的国家赔偿诉讼，可提供有益启发与借鉴。

### 一 日本福岛核电站事故引发的国家赔偿诉讼

日本福岛核电站事故发生后，截至 2018 年底，共有 5 起国家赔偿请求诉讼作出了一审判决，分别为千叶地裁判决、前桥地裁判决、福岛地裁判决、京都地裁判决与东京地裁判决。① 除千叶地裁判决否定了国家责任外，其余均肯定了国家赔偿责任的成立。这5件裁判均在判断规制行为是否构成违法时，运用了裁量权收缩论的要件进行分析，要件包括：（1）被侵害法益的重大性和危险的迫切性；（2）预见可能性；（3）结果回避可能性；（4）补充性（即在规制权行使之外，没有回避结果发生的其他手段）；（5）期待可能性（国民有请求和期待规制权行使的原因）。

该类案件的争议焦点集中在，依据日本当时的《电气事业法》第40条，经济产业大臣是否具有对技术基准进行调适的权限。即便核电站通过行政许可，由于设备老化与故障、地形和气候条件变化、专业知识的发展，安全性判断亦可能发生变化，主管机关是否应当对技术标准进行调适并采取规制措施，去修正嗣后出现的安全问题，便成为违法性判断的重要内容。其中最关键的判断要件是预见可能性与结果回避可能性。

其一，预见可能性。即行政机关是否对引发福岛核电站事故的海啸规模（即10米以上的海啸）具有预见可能性。相较于与日本水俣病相关的国家赔偿诉讼聚焦于已发生损害是否应行使规制权不同，核电站的国家赔偿诉讼关注的是为防止将来发生损害是否应当行使规制权。专家意见成为判断预见可能性的重要参考依据，针对福岛核电站，日本地震调查研究推进本部于2002年7月公布了一份长期评价，指出福岛第一核电站面临的太平洋三陆冲到房总冲之间的日本海沟，自该长期评价公布之日起30年内有20%左右的概率、50年内有30%左右的概率发生里氏8级的海啸型地震。

前桥地裁判决、福岛地裁判决、京都地裁判决、东京地裁判决均肯定了该长期评价的合理性。一则，制定该长期评价的地震调查研究推进本部，是依据《地震防灾对策特别措施法》设立的国家机关；二则，该

---

① 由于笔者不掌握日语，本部分有关日本核电站事故引发的国家赔偿诉讼主要参考儿玉弘《福岛第一核电站事故国家赔偿请求诉讼之现状与展望》，孙友容译，《台日法政研究》总第2期（2019年）。

机关主要由著名且拥有实绩的地震学研究者组成，该长期评价集合了研究者见解的"最大公约数"。上述 4 件裁判认为，规制机关在该长期评价公布后数月内就应当计算出海啸发生的概率和规模，从而对海啸具有预见可能性。即便否定国家赔偿责任成立，千叶地裁判决也主张，规制机关最迟应当在 2006 年预见到特定规模海啸的可能发生。这是因为，2006 年原子力安全保安院溢水学习会的研究表明，10 米以上的海啸将使紧急海水泵丧失功能并导致堆芯损伤，14 米以上的规模则产生丧失全部电源的危险。

其二，结果回避可能性。上述 5 起案件的原告都主张，福岛第一核电站事故的结果回避措施，除采用设置防波堤、防潮堤的手段外，还可采用涡轮建筑水密化、配电盘设置场所的多样化以及将紧急内燃发电机迁往高处等措施。千叶地裁判决虽然肯定了预见可能性要件成立，但否定了结果回避可能性。第一，规制机关及核设施营运者可用于投资的资金和人才有限，不可能把资源花费在具有无限可能的风险预防上。若致力于紧急性较低的风险预防，则可能延缓紧急性较高的风险预防，因而结果回避措施的内容和时机选择，应当由规制机关进行专门性判断。而根据福岛核电站事故前的知识，将针对地震的风险预防作为最紧要课题并无明显不合理之处。第二，福岛核电站事故前针对海啸，通常会采取建造防潮堤的措施，但防潮堤建设由于程序的复杂性及施工的长期性，无法认定可在福岛核电站事故前完工。第三，原告主张的涡轮建筑水密化、配电盘设置场所的多样化以及将紧急内燃发电机迁往高处等措施，并非行政机关应当履行的预防义务，且同样需要经过行政程序，未必能在福岛核电站事故前完工，也未必能回避由实际规模海啸造成的事故。

与此相反，福岛地裁判决认定，福岛核电站的紧急电源设备欠缺对于地震活动长期评价所设想海啸的安全性措施，因此经济产业大臣应行使规制权限对技术标准进行调整。如果实施涡轮建筑水密化等海啸回避措施，则从 2002 年底到福岛核电站事故发生的 8 年时间内，可以完成相应工程，从而肯定了结果回避可能性。京都地裁判决则在违法性判断的基准时间上持有不同意见，指出 2006 年耐震设计审查基准将海啸纳入地震所伴随的事态，并增加了海啸对策的指南，因此认定 2002 年后，至迟在 2006 年底，经济产业大臣就负有调整技术标准的义务。而东京电力如果采取防潮堤建设、电源设备水密化和高处配置，有很大可能避免福岛核电站事故。东京地裁判决认定预见可能性虽发生于 2002 年，但政府对采取何种措施拥有选择的裁量权。2006 年，原子力安全保安院公开针对东京电力的模拟结果（遭遇一定程度海啸后电源设备会丧失功能）、耐震设计审查基准的修改（将海啸规定为地震伴随事态）、对核电营运者作出耐震再调查的指示，这一系列事实意味着政府的裁量权收缩至"零"，进而应当采取调整技术标准的措施。

即便核损害的政府赔偿责任成立，其与核设施营运者的民事赔偿责任如何分配，很难有具体标准可供遵循。福岛地裁判决认定核设施营运者应当承担主要责任，而核电站规制的权限具有次要性，认定国家赔偿责任为核设施营运者赔偿责任的二分之一。而前桥地裁判决、京都地裁判决、东京地裁判决主张政府与核设施营运者均对所有损害承担责任，主要理由在于国家对核能的和平利用负有主导作用。

## 二　我国核损害国家赔偿责任的违法性判断

规制机关对核电站事故造成损害的赔偿责任，应当与核设施营运者承担的民事赔偿责任结合在一起进行探讨。我国《国家赔偿法》第 3、4 条对违法行使职权的列举限于秩序行为中的积极作为，如行政处罚、行政强制、征收征用、殴打与违法使用武器等事实行为，而行政不作为只能依据规定较为模糊的"造成公民身体伤害或者死亡的其他违法行为"以及"造成财产损害的其他违法行为"解释。由于核设施营运者的民事赔偿实行无过错归责原则，而规制机关的行政赔偿实行违法归责原则，两者不能归入共同侵权的类型，而只能通过"风险侵权"进行概括，乃指"两个或者两个以上的侵权人在没有共同故意和共同行为的情况下，实施了互为条件的侵权行为，构成对被侵权人的侵害，而且，在风险侵权的条件下，单一的不作为不会导致侵权结果的发生"。① 换言之，行政机关对规制权限的不行使不直接导致侵权结果发生，但增加了侵权结果发生的概率。

与秩序行政领域的风险侵权不同，核事故损害中行政赔偿的成立具有自己的特征。

其一，核电站规制中的违法包括行政许可的违法与行政监督的违法。前者指行政机关应当依据法定的许可权限、条件与程序作出许可决定，否则便构成违法；后者指为贯彻风险预防原则，核电站的安全规制具有动态性，如《核安全法》第 8 条第 3 款规定"核安全标准应当根据经济社会发展和科技进步适时修改"，第 16 条第 2 款规定"核设施营运单位应当对核设施进行定期安全评价，并接受国务院核安全监督管理部门的审查"，第 70 条第 2 款规定"国务院核安全监督管理部门和其他有关部门应当对从事核安全活动的单位遵守核安全法律、行政法规、规章和标准的情况进行监督检查"，都表明立法赋予行政机关对核电站安全进行动态规制的义务。因此，若行政许可授予后的规制过程中存在违法，行政机关同样需要承担行政赔偿责任。

其二，核电站安全规制中违法的判断，主要围绕裁量权行使是否明显不适当展开。依据我国《行政诉讼法》第 70 条，违法的情形包括"主要证据不足""适用法律、法规错误""违反法定程序""超越职权""滥用职权""明显不当"。从司法实践来看，国家赔偿归责原则的适用不拘泥于形式意义的违法，还涵盖裁量运用的不合理。在"王丽萍诉中牟县交通局行政赔偿纠纷案"中，法院主张"具体行政行为的合法性，

---

① 甘文：《风险侵权的行政赔偿责任》，载姜明安主编《行政法论丛》（第 13 卷），法律出版社，2011。

不仅包括认定事实清楚、适用法律正确、符合法定程序，还包括行政机关在自由裁量领域合理使用行政自由裁量权，明显不合理的具体行政行为构成滥用职权"，因而"县交通局工作人员不考虑该财产的安全，甚至在王丽萍请求将生猪运抵目的地后再扣车时也置之不理，把两轮拖斗卸下后就驾主车离去。县交通局工作人员在执行暂扣车辆决定时的这种行政行为，不符合合理、适当的要求，是滥用职权"。① 可见，我国行政侵权赔偿的违法归责原则具有包容性，在法律适用上完全可以纳入裁量怠惰或裁量滥用的情形。

其三，核电站安全规制中的违法性判断，具有极强的专业性。在核电站事故发生之前，受害人的人身伤亡、财产损害仅面临着潜在风险，核电站安全规制是否应该介入，往往面对的是并未发生的损害，而且不确定将来是否会发生规模大、程度深的严重损害。法院对规制权行使或不行使的违法性判断，则需要考察核安全标准是否应当根据科技发展的新认知作出调整。这既离不开专业意见的审查，也须适用现行《行政诉讼法》设定的举证责任分配规则，由规制机关对规制行为的合法性承担举证责任。如果由原告来对规制机关的预见可能性与结果回避可能性承担举证责任，则无异于让法院放弃对规制行为的合法性审查。核电站安全规制权是否行使，所需考察的乃是否、何时以及如何因应具有一定发生盖然率的风险，这对核电站诉讼国家赔偿的违法性判断带来巨大挑战。

即便立法明确规制机关应当对核设施营运单位遵守法律规范与安全标准的情况进行监督检查，且设定了行政机关采取责令改正、警告、罚款、责令停止建设或者停产整顿等多种措施的裁量空间，法院如何依据比例原则来判断具体措施的干预必要性与合法性，难以回避专业判断。此外，核安全标准的调整义务，不仅应考虑科技的进步，还须对社会经济发展因素进行分析。"随着经济社会不断发展、核科学技术的不断进

---

① "王丽萍诉中牟县交通局行政赔偿纠纷案"，参见《最高人民法院公报》2003 年第 3 期。

步和公众对核安全意识的变化，可能会出现先前制定的核安全标准不再满足核安全工作需求的情形，应当对旧的核安全标准进行修订。"[①] 法院应当审查，科学技术的发展与专家意见在何种情形下应当成为核安全标准调整的依据，规制机关何时应当履行核安全标准调整的义务并得采取特定的措施，进而作出核电站安全规制是否违法的判断。

## 三 我国核损害国家赔偿责任的适用

对于我国核损害的国家赔偿责任，可通过解释《国家赔偿法》来澄清法适用的规范基础，主要属于司法适用问题，无须寻求法律变革的解决路径。核电站规制引发的诉讼在我国尚无，更遑论核电站的国家赔偿诉讼，但这并不影响对其讨论的意义。从核电站安全规制的国家赔偿责任来看，其与环境行政、工商行政、社会秩序行政等领域中，行政机关是否应当对来自第三人的侵害进行干预并承担赔偿责任，具有一定的类似性。

其一，核电站周围的居民应当具有受法律保护的个人利益，在受到核事故损害后享有行政赔偿的请求权。受害人的损害首先来源于第三人的民事侵权，行政机关对第三人的违法行为行使规制权是否在于保护受害人的利益，关系到赔偿请求权的成立问题。如果规制权的介入只是为了保护公共利益，则规制权的行使或不行使，不构成《国家赔偿法》第3、4条规定的造成受害人权益损害的违法行为。

法院在涉及药品监管的行政赔偿案例"温某等诉乐昌市人民政府等不履行法定职责及行政赔偿纠纷案"中，大致采用了这种分析思路。该案裁判指出："温某、罗某援引的该行政法规[②]第五十二条第一项、第七项和第八项的规定，传染病暴发[③]并流行的紧急状态下人民政府应当组

---

① 陆浩主编《中华人民共和国核安全法解读》，中国法制出版社，2018，第 43 ~ 44 页。
② 该处的行政法规是指《中华人民共和国传染病防治法实施办法》。
③ 该裁判文书中表述为"××暴发"，根据上下文推断，应为"传染病暴发"。

织各部门统一协调采取预防和控制措施的情形，并非对人民政府在单独个案中直接承担具体的救治、隔离、接种以及提供药品等专门职责的规定。乐昌市人民政府并无违法行使职权致使温某、罗某权利受侵害的情形。"① 换言之，行政机关的规制措施并非旨在保护特定个人的权益，因而行政机关对受害人的侵害事实无法成立。

核电站安全规制固然服务于公共利益的保障，核能发电本身具有的潜在危险性，使核电站周围居民的生命健康、财产等权益暴露于极大的威胁之下，故国家对核电站的规制应当负有基本权利保护义务。我国《核安全法》虽未对核电站安全规制的请求权予以明确规定，但从该法第 1 条规定的"保护公众和从业人员的安全与健康"的立法目的、第 4 条规定的"安全第一"原则、第 11 条规定的"公民、法人和其他组织依法享有获取核安全信息的权利，受到核损害的，有依法获得赔偿的权利"等内容可以推出，核安全的规制介入具有保护特定个人权益的目的，受害人除了可请求核设施营运者承担民事侵权责任，还可向规制机关请求违法行使职权导致的行政赔偿。

其二，核电站事故引发的行政赔偿构成要件应当进一步体系化，并在举证责任分配上考虑核电站规制违法性判断的特性。我国对行政行为合理性的判决运用比例原则较多，但更多的是集中于秩序行为领域。② 而且法院在行政赔偿案件中并未系统地运用比例原则，且态度往往较为消极，以避免对行政权的行使造成僭越。较为典型的观点主张"被告应当履行该法定职责。但该法定职责如何履行，应由行政机关在法律规定范围内裁量，法院不能直接判决被告作出特定行政行为"。③ 核电站的安全规制具有较强的专业性，这无疑会进一步加大司法审查的难度。在日

---

① 最高人民法院（2016）最高法行赔申 6 号行政裁定书。
② 典型案例如"陈宁诉庄河市公安局不予行政赔偿案"，辽宁省大连市中级人民法院（2002）大行终 98 号国家赔偿判决书。
③ 湖南省平江县人民法院（2016）湘 0626 行初 27 号行政判决书。

本的"氯喹视网膜症诉讼案"中，法院即指出："关于确保医药品的安全性以及防止因副作用而产生的侵害，制造、贩卖该医药品的人应负第一次性义务，此外，使用该医药品的医师应根据适当的关系衡量一下因副作用而产生的侵害，在当时的医学、药学的现有水平下，厚生大臣所采取的前面所述的各项措施于其目的以及手段来说，能够说是具有一定的合理性的。"① 司法审查不得代替核电规制机关作出决定，只能判断行政决定是否构成明显不合理。

因此，在核电站事故引发的行政赔偿构成要件中，除了考虑被侵害法益的重大性和危险的迫切性，还应当纳入预见可能性、结果回避可能性等要件。在日本，对规制权限不行使的违法性判断框架包括"裁量权消极滥用论"与"裁量权收缩论"两种观点。"裁量权消极滥用论"包括"规制权限的法律所保护利益的内容及性质"、"损害的重大性与紧迫性"、"预见可能性"、"结果回避可能性"、"现实中所实施措施的合理性"、"通过规制权限行使之外的手段回避结果的可能性"（受害者一方回避损害的可能性）与"规制权限行使的专门性和裁量性"7 个要件，"裁量权收缩论"包括"被侵害法益的重大性和危险的迫切性"、"预见可能性"、"结果回避可能性"、"补充性"（在规制权限行使之外，没有可回避结果发生的手段）以及"期待可能性"（国民有请求和期待权限行使之原因）等 5 个要件。② 两者的判断要件大致相同，都包括预见可能性与结果回避可能性要件。核事故一旦发生就会对民众生命健康造成重大损害，因而其要求更高的安全性，对于将来发生损害的预见可能性判断应当采取较为宽松的认定标准。同样地，结果回避可能性不得被理

---

① 桑原勇进：《行政不作为在国家赔偿法上的违法性——行政的危险防止责任（兼顾风险的责任）》，李丽莉译，载齐延平主编《山东大学法律评论》（第三辑），山东大学出版社，2006。
② 参见儿玉弘《福岛第一核电站事故国家赔偿请求诉讼之现状与展望》，孙友容译，《台日法政研究》总第 2 期（2019 年）。

解为确实能回避结果发生，且应当由规制机关就无法回避损害发生承担举证责任。

从我国《核安全法》以及《行政诉讼法》的立法宗旨与规定来看，核电行政诉讼应当采用"明显不适当"的审查标准。一则，《行政诉讼法》对行政行为的司法审查限于"明显不适当"，可移植到行政赔偿的违法性判断上；二则，《核安全法》在多个场合采用了利益衡量的规制标准，如"保护公众和从业人员的安全与健康，保护生态环境"与"促进经济社会可持续发展"应当在规制目的上兼顾，核安全标准的修改应当同时考虑"科技进步"与"经济社会发展"，在"法律责任"部分既未针对核设施营运者违法的行为规定撤销许可，也未明确核设施许可条件在事后不满足时可以撤回许可，意图在核电站安全保障与核设施营运者利益之间进行一定的平衡。因此，对规制行为是否构成违法行为的判断应当采取明显不适当标准。

其三，核电站事故引发的行政赔偿责任分配，应当遵循功能主义的思路。《国家赔偿法》仅确立了行政赔偿的标准，但未对风险侵权中第三人与行政机关的责任分配作出安排。迄今为止，有两则最高人民法院的批复即《最高人民法院关于劳动教养管理所不履行法定职责是否承担行政赔偿责任问题的批复》（〔1999〕行他字第 11 号）、《最高人民法院关于公安机关不履行法定行政职责是否承担行政赔偿责任问题的批复》（法释〔2001〕23 号，2019 年失效）作为赔偿责任分配的依据，《最高人民法院关于适用〈中华人民共和国行政诉讼法〉的解释》则进一步明确："因行政机关不履行、拖延履行法定职责，致使公民、法人或者其他组织的合法权益遭受损害的，人民法院应当判决行政机关承担行政赔偿责任。在确定赔偿数额时，应当考虑该不履行、拖延履行法定职责的行为在损害发生过程和结果中所起的作用等因素。"

然而，上述规范几乎无法为核电站事故引发的行政赔偿责任分配提供解释与指引。《民法典》第 1236 条规定的核设施营运单位的无过错责任，《核安全法》第 5 条规定的"核设施营运单位对核安全负全面责任"，都蕴含了核设施营运单位的全面责任。基于对核电行业发展的权衡，立法在将民事侵权纳入高度危险责任的同时设定了限额。尽管政府在核设施营运者承担有限额的民事责任之外承担有限财政补偿，但不能豁免其在违法行使或不行使规制权的情形下，依法对核损害承担行政赔偿责任。对民事责任的限额作出规定，意味着行政赔偿应当涵盖在其之外的全部核损害。即便在民事赔偿责任的限额以内，法院仍然很难衡量核设施营运单位与规制机关对损害发生的各自作用。

很难判断核设施营运单位与规制机关两者之间，何者对核损害的发生具有主要作用或次要作用。一方面，通过立法确立核能的和平利用，属于国家在宪法框架内的政治决定，国家对此具有主导与推进作用；另一方面，减轻核设施营运单位的责任，也不利于激励与约束其对核安全的保障责任。因而，赔偿责任的分配须回归具体个案，考察核损害的规模、核设施营运单位的过错、规制机关的违法情形、民事赔偿责任与行政赔偿责任在赔偿标准上的差异等因素，在受害人的权益救济、核电产业的保障与核电站安全规制监督等不同目标与利益之间进行功能性权衡。

# 参考文献

## 一 著作类

贝尔兰·阿莫兰:《新能源和关于核电站的争论》,严文魁、李恒腾译,原子能出版社,1986。

蔡先凤编著《核损害民事责任研究》,原子能出版社,2005。

陈春生:《行政法之学理与体系(一)——行政行为形式论》,(台北)三民书局股份有限公司,1996。

陈春生:《核能利用与法之规制》,(台北)月旦出版社股份有限公司,1995。

方芗:《中国核电风险的社会建构——21世纪以来公众对核电事务的参与》,社会科学文献出版社,2014。

伏创宇:《核能规制与行政法体系的变革》,北京大学出版社,2017。

高宁:《国际原子能机构与核能利用的国际法律控制》,中国政法大学出版社,2009。

格奥格·耶利内克:《主观公法权利体系》,曾韬、赵天书译,中国政法大学出版社,2012。

哈特穆特·毛雷尔:《行政法学总论》,高家伟译,法律出版社，2000。

汉斯·J. 沃尔夫、奥托·巴霍夫、罗尔夫·施托贝尔：《行政法》（第一卷），高家伟译，商务印书馆，2002。

胡帮达：《核法中的安全原则研究》，法律出版社，2019。

黄舒芃：《变迁社会中的法学方法》，（台北）元照出版有限公司，2009。

姜明安主编《行政法与行政诉讼法》（第七版），北京大学出版社，2019。

卡尔·拉伦茨：《法学方法论》，陈爱娥译，商务印书馆，2003。

凯斯·R. 孙斯坦：《风险与理性——安全、法律及环境》，师帅译，中国政法大学出版社，2005。

康德拉·黑塞：《联邦德国宪法纲要》，李辉译，商务印书馆，2007。

肯尼思·F. 沃伦：《政治体制中的行政法》（第三版），王丛虎等译，中国人民大学出版社，2005。

理查德·J. 皮尔斯：《行政法》（第五版第一卷），苏苗罕译，中国人民大学出版社，2016。

刘定平编《核电厂安全与管理》，华南理工大学出版社，2013。

刘刚编译《风险规制：德国的理论与实践》，法律出版社，2012。

陆浩主编《中华人民共和国核安全法解读》，中国法制出版社，2018。

南博方：《行政法》（第 6 版），杨建顺译，中国人民大学出版社，2009。

全国人大常委会法制工作委员会民法室编《〈中华人民共和国侵权责任法〉条文说明、立法理由及相关规定》，北京大学出版社，2010。

史蒂芬·布雷耶：《打破恶性循环——政府如何有效规制风险》，宋华琳译，法律出版社，2009。

汪劲主编《核法概论》，北京大学出版社，2021。

范博姆、富尔主编《在私法体系与公法体系之间的赔偿转移》，黄本莲译，中国法制出版社，2012。

台湾地区能源法学会编《核能法体系（一）——核能安全管制与核子损害赔偿法制》，（台北）新学林出版股份有限公司，2014。

汉斯·J.沃尔夫、奥托·巴霍夫、罗尔夫·施托贝尔：《行政法》（第二卷），高家伟译，商务印书馆，2002。

乌尔里希·贝克：《风险社会》，何博闻译，译林出版社，2004。

乌尔里希·贝克：《世界风险社会》，吴英姿、孙淑敏译，南京大学出版社，2004。

乌尔里希·贝克：《风险社会：新的现代性之路》，张文杰、何博闻译，译林出版社，2018。

吴高盛、郑淑娜、陈广君、刘新魁：《治安管理处罚条例通论》，群众出版社，1987。

信春鹰主编《中华人民共和国行政诉讼法释义》，法律出版社，2014。

徐原总译审《世界原子能法律解析与编译》，法律出版社，2011。

盐野宏：《行政法Ⅱ［第四版］行政救济法》，杨建顺译，北京大学出版社，2008。

阎政：《美国核法律与国家能源政策》，北京大学出版社，2006。

杨尚东：《高科技风险决策过程的法律规制——以核电的开发应用为分析对象》，中国法制出版社，2022。

约翰·塔巴克：《核能与安全——智慧与非理性的对抗》，王辉、胡云志译，商务印书馆，2011。

约瑟夫·P.托梅因、理查德·D.卡达希：《能源法精要》（第2版），万少廷等译，南开大学出版社，2016。

Charles D. Ferguson and Frank A. Settle, eds. , *The Future of Nuclear Pow-*

*er in the United States*, Federation of American Scientists, 2012.

Fisher Emily S. , ed. , *Nuclear Regulation in the U. S. : A Short History*, Nova Science Publishers, 2012.

Eberhard Schmidt-Aßmann, *Das allgemeine Verwaltungsrecht als Ordnungsidee: Grundlagen und Aufgaben der verwaltungsrechtlichen System Bildung*, Springer, 2004.

Eberhard Schmidt-Aßmann/Wolfgang Hoffmann-Riem, *Mothoden der Verwaltung-srechtswissenschaft*, Nomos, 2004.

Eckhard Pache, *Tatbestandliche Abwägung und Beurteilungsspielraum*, Mohr Sie-beck, 2001.

Eibe H. Riedel, *risikomanagement im öffentlichen Recht*, Nomos Verlagsgesellschaft, 1996.

Friedhelm Hufen, *Verwaltungsprozessrecht*, C. H. Beck, 2005.

Hartmut Maurer, *Allgemeines Verwaltungsrecht*, 17. Auflage, C. H. Beck, 2009.

Klaus Löffler, *Parlamentsvorbehalt im Kernenergierecht-Eine Untersuchung zur parlamentarischen Verantwortung für neue Technologien*, Nomos, 1985.

Rüdiger Nolte, *Rechtliche Anforderungen an die Technische Sicherheit von Kernanlagen: Zur Konkretisierung des §7 AbS. 2 Nr. 3 AtomG*, Duncker & Humblot Gmbh, 1984.

Schoch/Schneider/Bier, *VerwaltungsgerichtsordnungKommentar*, Verlag C. H. Beck, 2018.

Udo Di Fabio, *Risikoentscheidungen im Rechtsstaat: Zum Wandel der Dogmatik im öffentlichen Recht, insbesondere am Beispiel der Arzneimitteilueberwachung*, Tuebingen, 1994.

## 二 论文类

步超：《论美国宪法中的行政组织法定原则》，《中外法学》2016 年第 2 期。

蔡先凤：《中国核损害责任制度的建构》，《中国软科学》2006 年第 9 期。

蔡先凤：《论核损害民事责任中的责任限制原则》，《法商研究》2006 年第 1 期。

蔡先凤：《中国核损害责任制度的缺陷及立法设想》，《中国人口·资源与环境》2007 年第 4 期。

常冰：《保加利亚公投"支持"核电》，《国外核新闻》2013 年第 3 期。

陈爱娥：《行政法学的方法——传统行政法释义学的续造》，《月旦法学教室》总第 100 期，2011。

陈淳文：《从法国法论独立行政机关的设置缘由与组成争议：兼评"司法院"释字第 613 号解释》，《台大法学论丛》2009 年第 2 期。

陈弘仁：《德国之公法上危险责任》（上），《军法专刊》1995 年第 6 期。

陈弘仁：《德国之公法上危险责任》（中），《军法专刊》1995 年第 7 期。

陈弘仁：《德国之公法上危险责任》（下），《军法专刊》1995 年第 8 期。

陈俊：《我国核法律制度研究基本问题初探》，《中国法学》1998 年第 6 期。

陈鹏：《行政诉讼原告资格的多层次构造》，《中外法学》2017 年第 5 期。

陈信安：《基因科技风险之立法与基本权利保障——以德国联邦宪法法院判决为中心》，《东吴法律学报》2014 年第 1 期。

陈颖峰：《地方问责与核能安全治理：以新北市核能安全监督委员会为例》，《民主与治理》2017 年第 2 期。

程明修：《核能事故紧急应变与损害补偿》，《台湾法学杂志》总第194 期（2012 年）。

邓禾、夏梓耀：《中国核能安全保障法律制度与体系研究》，《重庆大学学报》（社会科学版）2012 年第 2 期。

杜仪方：《"恶魔抽签"的赔偿与补偿——日本预防接种损害中的国家责任》，《法学家》2011 年第 1 期。

杜仪方：《论合规药品致害之国家责任——基于合规药品致害的民事和行政救济的局限之展开》，《政治与法律》2013 年第 7 期。

杜仪方：《日本预防接种事件中的因果关系——以判决为中心的考察》，《华东政法大学学报》2014 年第 1 期。

儿玉弘：《福岛第一核电站事故国家赔偿请求诉讼之现状与展望》，孙友容译，《台日法政研究》总第 2 期（2019 年）。

伏创宇：《行政判断余地的构造及其变革——基于核能规制司法审查的考察》，《华东政法大学学报》2014 年第 5 期。

伏创宇：《强制预防接种补偿责任的性质与构成》，《中国法学》2017 年第 4 期。

伏创宇：《行政举报案件中原告资格认定的构造》，《中国法学》2019 年第 5 期。

傅玲静：《论环境影响评估审查与开发行为许可间之关系——由德国法"暂时性整体判断"之观点出发》，《兴大法学》总第 7 期（2010 年）。

甘文：《风险侵权的行政赔偿责任》，载姜明安主编《行政法论丛》（第 13 卷），法律出版社，2011。

高家伟：《论国家赔偿责任的性质》，《法学杂志》2009 年第 5 期。

高秦伟：《程序审抑或实体审——美国行政规则司法审查基准研究及其启示》，《浙江学刊》2009 年第 6 期。

葛克昌、钟芳桦：《核电厂设立许可与行政程序——风险社会下的人权保障与法律调控》，《军法专刊》2001 年第 3 期。

官文祥：《以资讯揭露作为环境保护规范手段之研究——以美国法为参考》，《法学新论》总第 5 期（2008 年）。

龚向前：《核电厂选址之程序正当性——基于风险社会视角》，《中国地质大学学报》（社会科学版）2011 年第 3 期。

郭娜娜：《核设施营运者的损害赔偿责任与费用负担——以福岛核电站事故之相关讨论为中心》，载牟宪魁主编《日本法研究》（第 5 卷），四川大学出版社，2019。

胡帮达、汪劲、吴岳雷：《中国核安全法律制度的构建与完善：初步分析》，《中国科学：技术科学》2014 年第 3 期。

胡帮达：《安全和发展之间：核能法律规制的美国经验及其启示》，《中外法学》2018 年第 1 期。

胡帮达：《核安全独立监管的路径选择》，《科技与法律》2014 年第 2 期。

黄丞仪：《洁净空气，如何解释？从 Duke Energy（2007）与 Massachusettsv. EPA（2007）论美国行政法中立法目的、行政解释和司法审查之关系》，《台大法学论丛》2015 年第 3 期。

黄锦堂：《行政判断与司法审查——"最高行政法院"高速公路电子收费系统（ETC）案判决评论》，载汤德宗、李建良主编《2006 行政管制与行政诉讼》，台北"中研院"法律学研究所筹备处，2007。

黄舒芃：《行政专业的规范制衡——从中科三期环评案反省环境影响评估法的规范拘束功能》，《台湾民主季刊》2013 年第 1 期。

黄舒芃：《"行政正确"取代"行政合法"？——初探德国行政法革新路线的方法论难题》，《"中研院"法学期刊》总第 8 期（2011 年）。

Jean-Marie Pontier：《独立行政机关》，张惠东译，《东吴公法论丛》总第 3 期（2010 年）。

金自宁：《风险社会中的给付行政与法治》，《国家行政学院学报》

2008 年第 2 期。

金自宁：《作为风险规制工具的信息交流：以环境行政中 TRI 为例》，《中外法学》2010 年第 3 期。

金自宁：《风险规制与行政法治》，《法制与社会发展》2012 年第 4 期。

金自宁：《风险行政法研究的前提问题》，《华东政法大学学报》2014 年第 1 期。

金自宁：《科技专业性行政行为的司法审查——基于环境影响评价审批诉讼的考察》，《法商研究》2020 年第 3 期。

柯泽东：《核能安全与原子能损害赔偿》，《经社法制论丛》总第 3 期（1989 年）。

赖宇松：《日本核能安全管制之生成与演变》，《东吴法律学报》2013 年第 2 期。

李海平：《论风险社会中现代行政法的危机和转型》，《深圳大学学报》（人文社会科学版）2005 年第 1 期。

李建良：《论多阶段行政处分与多阶段行政程序之区辨——兼评"最高行政法院"2007 年度判字第 1603 号判决》，《"中研院"法学期刊》总第 9 期（2011 年）。

李杰、王颖：《行政诉讼原告的主体资格》，《人民司法》2002 年第 9 期。

李晶晶、林明彻、杨富强等：《中国核安全监管体制改革建议》，《中国能源》2012 年第 4 期。

李雅云：《核损害责任法律制度研究》，《环球法律评论》2002 年第 3 期。

刘定基：《政府资讯公开与政府外聘委员个人资料保护》，《月旦法学教室》总第 163 期，2016。

刘刚：《德国的新行政法学》，《清华法律评论》2014 年第 2 期。

刘士国：《突发事件的损失救助、补偿和赔偿研究》，《中国法学》2012 年第 2 期。

刘水林：《风险社会大规模损害责任法的范式重构——从侵权赔偿到成本分担》，《法学研究》2014 年第 3 期。

鲁鹏宇：《德国公权理论评介》，《法制与社会发展》2010 年第 5 期。

栾志红：《论环境标准在行政诉讼中的效力——以德国法上的规范具体化行政规则为例》，《河北法学》2007 年第 3 期。

罗承宗：《再访日本核电厂诉讼》，《月旦法学杂志》总第 219 期，2013。

落志筠：《中国大陆核损害赔偿法律制度的完善》，《重庆大学学报》（社会科学版）2012 年第 2 期。

Michael G. Faure、Tom Vanden Borre：《核损害赔偿美国机制与国际机制的比较经济分析》，谢丹、刘筱睿译，《私法》2019 年第 1 期。

能见善久：《核事故的赔偿问题》，姜雪莲译，《科技与法律》2014 年第 2 期。

彭錞：《公共企事业单位信息公开的审查之道：基于 108 件司法裁判的分析》，《法学家》2019 年第 4 期。

彭峰、翟晨阳：《核电复兴、风险控制与公众参与——彭泽核电项目争议之政策与法律思考》，《上海大学学报》（社会科学版）2014 年第 4 期。

戚建刚：《风险规制过程合法性之证成——以公众和专家的风险知识运用为视角》，《法商研究》2009 年第 5 期。

戚建刚：《风险认知模式及其行政法制之意蕴》，《法学研究》2009 年第 5 期。

戚建刚：《风险规制的兴起与行政法的新发展》，《当代法学》2014 年第 6 期。

曲云欢、董毅漫、张弛等：《中国核损害赔偿制度研究》，《环境污染与防治》2012 年第 11 期。

桑原勇进:《行政不作为在国家赔偿法上的违法性——行政的危险防止责任（兼顾风险的责任)》，李丽莉译，载齐延平主编《山东大学法律评论》（第三辑），山东大学出版社，2006。

沈岿:《行政诉讼原告资格：司法裁量的空间与限度》，《中外法学》2004 年第 2 期。

沈岿:《解析行政规则对司法的约束力：以行政诉讼为论域》，《中外法学》2006 年第 2 期。

沈岿:《风险治理决策程序的应急模式——对防控甲型 H1N1 流感隔离决策的考察》，《华东政法大学学报》2009 年第 5 期。

沈岿:《风险评估的行政法治问题——以食品安全监管领域为例》，《浙江学刊》2011 年第 3 期。

盛愉:《核法初论》，《法学研究》1980 年第 6 期。

盛子龙:《行政法上不确定法律概念具体化之司法审查密度——德国实务发展与新趋势之分析》，《法令月刊》2000 年第 10 期。

宋华琳:《论行政规则对司法的规范效应——以技术标准为中心的初步观察》，《中国法学》2006 年第 6 期。

宋华琳:《风险规制与行政法学原理的转型》，《国家行政学院学报》2007 年第 4 期。

宋华琳:《部门行政法与行政法总论的改革——以药品行政领域为例证》，《当代法学》2010 年第 2 期。

宋华琳:《美国行政法上的独立规制机构》，《清华法学》2010 年第 6 期。

苏永钦:《检举人就公平会未为处分的复函得否提起诉愿》，《公平交易季刊》1997 年第 4 期。

汤德宗:《政府资讯公开法比较评析》，《台大法学论丛》2006 年第 6 期。

田林:《日本核能法制近况及其对中国的启示》，《日本问题研究》

2017 年第 5 期。

汪劲：《论〈核安全法〉与〈原子能法〉的关系》，《科技与法律》2014 年第 2 期。

汪劲、耿保江：《核能快速发展背景下加速〈核安全法〉制定的思考与建议》，《环境保护》2015 年第 7 期。

汪劲、张钰羚：《〈核安全法〉实施的重点与难点问题解析》，《环境保护》2018 年第 12 期。

王贵松：《论行政裁量的司法审查强度》，《法商研究》2012 年第 4 期。

王贵松：《风险行政的组织法构造》，《法商研究》2016 年第 6 期。

王贵松：《论行政诉讼的权利保护必要性》，《法制与社会发展》2018 年第 1 期。

王贵松：《安全性行政判断的司法审查——基于日本伊方核电行政诉讼的考察》，《比较法研究》2019 年第 2 期。

王贵松：《风险规制行政诉讼的原告资格》，《环球法律评论》2020 年第 6 期。

王锴：《我国国家公法责任体系的构建》，《清华法学》2015 年第 3 期。

王利明：《建立和完善多元化的受害人救济机制》，《中国法学》2009 年第 4 期。

王社坤、刘文斌：《我国核安全许可制度的体系梳理与完善》，《科技与法律》2014 年第 2 期。

王树、伍浩松：《IEA 报告指出 弃核将使瑞士能源供应安全面临挑战》，《国外核新闻》2018 年第 11 期。

王锡锌、章永乐：《专家、大众与知识的运用——行政规则制定过程的一个分形框架》，《中国社会科学》2003 年第 3 期。

王毓正：《论环境法于科技关联下之立法困境与管制手段变迁》，

《成大法学》总第 12 期（2006 年）。

王韵茹：《接近司法之权利内涵的扩张——以欧洲环境法与德国环境救济法作为观察》，《中正大学法学集刊》总第 62 期（2019 年）。

吴宜灿、李静云、李研等：《中国核安全监管体制现状与发展建议》，《中国科学：技术科学》2020 年第 8 期。

吴志光：《公民投票与司法审查》，《辅仁法学》总第 24 期（2002 年）。

伍浩松、王海丹：《福岛核事故独立调查委员会公布调查报告 福岛核事故被认定 "明显是人祸"》，《国防科技工业》2012 年第 10 期。

伍劲松：《行政判断余地之理论、范围及其规制》，《法学评论》2012 年第 3 期。

下山宪治：《风险制御与行政诉讼制度——日本之司法审查及其救济机能》，林美凤译，《月旦法学杂志》总第 271 期，2017。

肖泽晟：《多阶段行政许可中的违法性继承——以一起不予工商登记案为例》，《国家行政学院学报》2010 年第 3 期。

徐竞草：《一个阻止了核污染的牧羊人》，《知识窗》2015 年第 5 期。

许耀明、谭伟恩：《风险沟通在食安管理中之必要性：以狂牛症事件为例》，《交大法学评论》总第 1 期（2017 年）。

杨泽伟：《"两型社会" 与湖北核能开发利用的法律问题》，《法学评论》2009 年第 2 期。

叶金强：《风险领域理论与侵权法二元归责体系》，《法学研究》2009 年第 2 期。

尹建国：《行政法中不确定法律概念的类型化》，《华中科技大学学报》（社会科学版）2010 年第 6 期。

尹生：《日本福岛核事故损害赔偿责任：中国的应对与启示》，《法学评论》2013 年第 2 期。

袁临江：《强化保险共同体建设 提升服务实体经济水平——写在中国核共体成立 20 周年之际》，《中国金融家》2019 年第 4 期。

岳树梅：《中国民用核能安全保障法律制度的困境与重构》，《现代法学》2012 年第 6 期。

张惠东：《日本核能损害赔偿支援机构法案简介》，《台湾本土法学杂志》总第 194 期（2012 年）。

张俊岩：《风险社会与侵权损害救济途径多元化》，《法学家》2011 年第 2 期。

张裕芷：《日本核电诉讼法律判断基准之探讨》，硕士学位论文，高雄大学，2016。

张忠民：《我国能源诉讼专门化问题之探究》，《环球法律评论》2014 年第 6 期。

赵宏：《行政法学的体系化建构与均衡》，《法学家》2013 年第 5 期。

赵宏：《保护规范理论的历史嬗变与司法适用》，《法学家》2019 年第 2 期。

赵宏：《原告资格从"不利影响"到"主观公权利"的转向与影响——刘广明诉张家港市人民政府行政复议案评析》，《交大法学》2019 年第 2 期。

赵鹏：《风险规制的兴起与行政法的新课题》，中国法学会行政法学研究会 2010 年会会议论文，泰安，2010 年 7 月。

赵鹏：《风险规制：发展语境下的中国式困境及其解决》，《浙江学刊》2011 年第 3 期。

赵悦：《核与辐射安全信息获取权：以法国 TSN 法为镜鉴》，《中国软科学》2017 年第 1 期。

郑智航：《专家委员会参加政府行政的法律效力及其司法审查》，《政治与法律》2013 年第 6 期。

周夫荣：《彭泽核电疑云》，《中国经济和信息化》2012 年第 10 期。

朱孔武：《应急行政之公法赔偿责任初探》，《法治论坛》2008 年第 1 期。

朱岩：《风险社会与现代侵权责任法体系》，《法学研究》2009 年第 5 期。

Cass R. Sunstein, "Informing America: Risk, Disclosure, and the First Amendment, "*Florida State University Law Review* 20(1993).

Christopher C. Chandler, "Recent Developments in Licensing and Regulation at the Nuclear Regulatory Commission, "*Administrative Law Review* 58 (2006).

David A. Repka and Kathryn M. Sutton, "The Revival of Nuclear Power Plant Licensing, "*Natural Resources & Environment* 19(2005).

Dean Hansell, "Nuclear Regulatory Commission Proceedings: A Guide for Intervenors, "*UCLA Journal of Environmental Law & Policy* 3(1982).

Ellen J. Case, "The Public's Role in Scientific Risk Assessment, "*Georgetown International Environmental Law Review* 5(1993).

Evelyn Atwater, "Nuclear Courtrooms and Administrative Law: Understanding the Fail-to-prevail Trend in Anti-nuclear Litigation, "*Penn Undergraduate Law Journal* 3(2016).

Joel Yellin, "High Technology and the Courts: Nuclear Power and the Need for Institutional Reform, "*Harvard Law Review* 94(1981).

Linda Cohen, "Innovation and Atomic Energy: Nuclear Power Regulation, 1966 – Present, "*Law and Contemporary Problems* 43(1979).

Paul Slovic, "Perception of Risk, "*Science, New Series* 236(1987).

Sheldon Leigh Jeter, "The Role of Risk Assessment, Risk Management, and Risk Communication in Environmental Law, "*South Carolina Environmental Law Journal* 4(1995).

Vern R. Walker, "The Myth of Science as a ' Neutral Arbiter' for Triggering Precautions, "*Boston College International and Comparative Law Review* 26 (2003).

William Leiss, "Three Phases in the Evolution of Risk Communication Practice, "*The Annals of the American Academy of Political and Social Science* 545(1996).

Alexande Rossnagel, "Wie dynamisch ist der dynamische Grundrechtsschutz des Atomrechts, "*Neue Zeitschrift für Verwaltungsrecht* 1984.

Arno Scherzberg, "Risiko als Rechtsproblem – Einnenes Paradigma für das technische Sicherheitsrecht, "*Verwaltungsarchiv* 1993.

Bernd Bender, "Der Verwaltungsrichter im Spannungsfeld zwischen Rechtsschutzauftrag und technischen Fortschritt, "*Neue Juristische Wochenschrift* 1978.

Bernd Bender, " Gefahrenabwehr und Risikovorsorge als Gegenstand nukleartechnischen Sicherheitsrechts, Zur Auslegung des § 7 II nr. 3 AtomG, " *Neue Juristische Wochenschrift* 1979.

Christoph Degenhart, "Standortnahe Zwischenlager, staatliche Entsorgungsverantwortung und grundrechtliche Schutzpflichten im Atomrecht, " *Deutsches Verwaltungsblatt* 2006.

Cornelia Ziehm, "Das neue Schutzniveau des Atomgesetzes, "*Zeitschrift für Umweltrecht* 2011.

Fraenkel Haeberle, "Unbestimmte Rechtsbegriffe, technisches Ermessen und gerichtliche Nachprüfbarkeit, "*Die öffentliche Verwaltung* 2005.

Fritz Ossenbühl, "Deutscher Atomrechtstag 2004, "*Nomos* 2005.

Fritz Ossenbühl, "Die gerichtliche Überprüfung der Beurteilung technischer und wirtschaftlicher Fragen in Genehmigungen des baus von Kraftwerken, " *Deutsches Verwaltungsblatt* 1978.

Hans-Joachim Koch, "Die gerichtliche Kontrolle technischer Regelwerke im Umweltrecht, "*Zeitschrift für Umweltrecht* 1993.

Hellmut Wagner, "30 Jahre Atomgesetz-30 Jahre Umweltschutz, " *Neue Zeitschrift für Verwaltungsrecht* 1989.

Joseph Listl, "Die Entscheidungsprärogative des Parlaments für die Errichtung von Kernkraftwerken, "*Deutsches Verwaltungsblatt* 1978.

Klaus-Peter Dolde, "Terroristische Flugzeugangriffe auf Kernkraftwerke-Schadensvorsorge-Restrisiko-Drittschutz, " *Neue Zeitschrift für Verwaltungsrecht* 2009.

Liv Jaeckel, "Risiko-Signaturen im Recht-Zur Unterscheidbarkeit von Gefahr und Risiko, "*Juristenzeitung* 2011.

Michae Rodi, "Grundlagen und Entwicklungslinien des Atomrechts, "*Neue Juristische Wochenschrift* 2000.

Martin Vogelsang und Monika Zartmann, "Ende des gestuften Verfahrens?" *Neue Zeitschrift für Verwaltungsrecht* 1993.

Otto Bachof, "Beurteilungspielraum, Ermessen und unbestimmter Rechtsbegriff im Verwaltungsrecht, "*Juristenzeitung* 1955.

Rainer Wahl, "Risikobewertung der Exekutive und Richterliche Kontrolldichte-Auswirkungen auf das Verwaltungs-und das gerichtliche Verfahren, " *Neue Zeitschrift für Verwaltungsrecht* 1991.

Rüdiger Breuer, "Gefahrenabwehr und Risikovorsorge im Atomrecht-Zugleich ein Beitrag zum Streit um die Berstsicherung für Druckwasserreaktoren, " *Deutsches Verwaltungsblatt* 1978.

Rüdiger Breuer, "Gerichtliche Kontrolle der Technik, "*Neue Zeitschrift für Verwaltungsrecht* 1988.

Rüdiger Breuer, "Verwaltungsvorschriften nach § 48 Bimschg, "*Deutsches Verwaltungsblatt* 1978.

Rudolf Lukes, "Das Atomrecht im Spannungsfeld zwischen Technik und Recht, "*Neue Juristische Wochenschrift* 1978.

Shu-Perng Hwang, "Grundrechtsoptimierung durch ( Helsensche) Rahmenordnung—Zugleich ein Beitrag zur grundrechtsoptimierenden Funktion der unbestimmten Rechtsbegriffe am Beispiel 'Stand von Wissenshaft und Technik'," *Der Staat* 2010.

Shu-Perng Hwang, "Normkonkretisierende Verwaltungsvorschriften im Umweltrecht: Normkonkretisierung als Normersetzung?" *Kritische Vierteljahresschrift für Gesetzgebung und Rechtswissenschaft* 2011.

Thomas v. Danwitz, "kompetenzrechtliche Fragen bei der Umsetzung von Sicherheitsstandards," *Die öffentliche Verwaltung* 2001.

Udo Di Fabio, "Gefahr/Vorsorge/Risiko: Die Gefahrenabwehr unter dem Einfluss des Vorsorgeprinyips," *Jura* 1996.

## 三　其他文献

程明修、林昱梅、张惠东、高仁川：《检讨核安管制基本法制与建立原子能损害赔偿制度之研究》，台湾地区"原子能委员会"委托研究计划研究报告，2013。

程明修：《我国核能安全管制法规体制与强化管制机关独立性之研究》，台湾地区"原子能委员会"委托研究计划研究报告，2013。

刘久：《日本核损害赔偿制度与福岛核损害赔偿实践》，《人民法院报》2019 年 5 月 17 日，第 8 版。

路虹：《全球核电发展加速再启动》，《国际商报》2022 年 9 月 6 日，第 6 版。

孟登科：《核电恐慌》，《南方周末》2010 年 7 月 1 日，第 C19 版。

钱平广：《核电争议双城记：彭泽建设望江反对》，《第一财经日报》2012 年 2 月 9 日，第 A8 版。

王尔德：《核与辐射安全信息公开渐进》，《21 世纪经济报道》2011 年 7 月 20 日，第 1 版。

詹铃：《"核泄漏"旧闻追问：谁的知情权与透明度?》，《21 世纪经济报道》2010 年 6 月 18 日，第 18 版。

# 后　记

　　自六年前出版《核能规制与行政法体系的变革》（北京大学出版社2017年版）后，笔者并未放弃对核能规制的思考。这一研究领域始终属于冷门，国内学者特别是行政法学者鲜有关注。就个人经历而言，有关这方面的研究似乎不受期刊待见，以至于几篇论文不得不"改头换面"且费尽周折才得以见刊，如从核电站安全规制的司法审查延伸至"行政判断余地"理论（发表于《华东政法大学学报》2014年第5期）、行政诉讼原告资格认定（发表于《中国法学》2019年第5期），从核电损害的国家责任延伸至公法上危险责任（发表于《中国法学》2017年第4期）。持续对核能规制展开研究，的确有"一入佛门深似海"的感觉，因其不仅跨越自然科学与社会科学，还须整合公私法的理论与制度，有一定门槛。此外，国内实证资料比较匮乏，对研究工作的深入产生一定障碍。与一些国家核电发展具有相对成熟的规制理论与制度作为支撑不同，我国核电发展政策呈现出积极立场，更为依仗技术与政策来保障安全，民众在实践中虽会表达意见，但还不至于演化出全社会关注的法律争议。这从我国司法实践无一起核电安全引发的诉讼中可见一斑。

　　在当下中国，尽管《核安全法》等各种法律制度已逐步出台，核能法的体系与理论建构却尚任重而道远。经典的公法理论特别是行政法理论也不能直接适用于核电站的安全规制，而核能规制会反过来对行政法体系的建构与完善产生积极作用。虽然中国行政法的法律体系日臻完善，行政法法典化的呼声也越来越高，但是行政法的体系化建构还有待深入，背后的缘由难以一一列举，包括行政活动领域具有多元性、法教义学发展滞后、规制工具持续变迁、行政诉讼受到种种掣肘等。核能规制的制度与实践能够形成具有中度指导意义的风险行政法理论，不仅有助于行政法的体系化，还会对药品法、食品安全法、基因技术法等特别行政法提供理论指引与智力支持。

如果说《核能规制与行政法体系的变革》以德国核能法为基础，探讨如何拓展与丰富公法的基本概念及其法教义学，如法律保留、行政规则、司法审查、国家责任，本书则更多地面向中国核电站的安全规制，从规制过程与规制理论出发来思考风险社会下的规制工具革新，包括组织构造、行政许可、信息公开、公众参与、赔偿责任等。这也使我对核能规制的研究不再局限于法教义学的解读，而试图从更宏大的跨学科视角去关注如何实现更好的规制，如规制组织的安排应当在追求独立性与专业性的同时兼顾监管的有效性，核电许可程序的构建应当权衡安全与效率价值，核电信息公开应当合理分配核电站营运单位、地方政府以及中央核电监管机关的公开权限，核电损害的赔偿责任设计应当体现核电发展、风险预防与损害填补各种相互冲突的目标。

这种研究方法上的转变，源自与实务、理论界两位专家对话的启示。2017 年，国家核安保技术中心政策法规处的王黎明处长曾邀请我赴其单位做了一场讲座，印象特别深刻的是当时他提出了一个问题，大致是：核设施营运单位缴纳追溯性保费的意愿如何？是否影响赔偿责任的设定？这下难住了我，从法教义学的角度无法回答这个问题。由此我也发现了法学学者研究核能规制在视野与方法上天然存在的局限。在去南开大学法学院做相关报告后的交流中，宋华琳教授（现为法学院院长）曾问我，是否与国家核安全局、国防科工局、国家能源局等部门有过业务上的交流？简单的一句话，提示我对核能规制的研究应当具备交叉学科的视野以及对规制过程的深层次关切。

上述两个问题，促使我从核能规制的合法性保障更多地转向更优规制的思考。受制于个人知识不足、研究资料匮乏以及我国核电站安全规制的强烈政策导向，相关的讨论还有很大的深入空间。国家社科基金成果鉴定的 5 位专家予以较多肯定，也提出了不少尖锐意见，包括"从安全规制的体系上说，除了组织、许可、信息公开和参与、损害赔偿，至少尚有日常的监管部分没有得到反映"，"如何平衡民主、科学、行政等关系，需要更加深入的讨论"，"对核电站营运过程中生产安全具体规制工具的运用，如风险评估和管控、隐患治理等，并没有正面展开探讨"，"对于专家论证咨询、风险评估等重要环节缺乏深入讨论"，等等。这些建议中肯、有深度，也是我日后进一步深化核能规制研究的动力与指引。

对核能规制的研究已十余年，个人甚至因此"标签化"，但学术上的贡献十分有限，有广阔的研究空间仍待探索。感谢行政法学界的众多前辈、同人与好友的肯定、鼓励与支持，大名就不一一列举了！与一些民法、环境法、国际法学者的交流，也受益匪浅，在此一并致谢！感谢恩师尊敬的姜明安教授欣然应允作序推荐！感谢中国社会科学院大学的同事们、同学们提供的帮助！还要感谢社会科学文献出版社的李晨编辑，在较短的时间内为我编辑了两部著作，她的工作认真细致，为本书增色添彩不少！感谢研究生魏延艳与霍嘉协助校对书稿！感谢国家社科基金对本研究的资助与中国社会科学院哲学社会科学创新工程提供的学术出版资助！最后感谢、感恩、感激我亲爱的家人们，他们一直在背后默默支持我的工作！

希望针对核能规制的后续研究能形成第三部专著与大家分享，也真诚期待各位读者不吝批评并对拙作提出宝贵意见！

图书在版编目（CIP）数据

在发展与风险之间：核电站的安全规制之道／伏创
宇著. --北京：社会科学文献出版社，2023.5
（中国社会科学院大学文库）
ISBN 978 - 7 - 5228 - 2128 - 3

Ⅰ.①在…　Ⅱ.①伏…　Ⅲ.①核电站 – 安全管理 – 规
章制度 – 研究 – 中国　Ⅳ.①TM623.8

中国国家版本馆 CIP 数据核字（2023）第 125565 号

·中国社会科学院大学文库·

在发展与风险之间：核电站的安全规制之道

著　　者／伏创宇

出 版 人／王利民
责任编辑／李　晨
责任印制／王京美

出　　版／社会科学文献出版社·政法传媒分社（010）59367126
　　　　　地址：北京市北三环中路甲 29 号院华龙大厦　邮编：100029
　　　　　网址：www. ssap. com. cn
发　　行／社会科学文献出版社（010）59367028
印　　装／三河市龙林印务有限公司

规　　格／开　本：787mm × 1092mm　1/16
　　　　　印　张：16.25　字　数：232 千字
版　　次／2023 年 5 月第 1 版　2023 年 5 月第 1 次印刷
书　　号／ISBN 978 - 7 - 5228 - 2128 - 3
定　　价／79.00 元

读者服务电话：4008918866